夜空に浮かぶ
天の川銀河のアーチ

この写真は，ヨーロッパ南天天文台（ESO）によって運営されている「パラナル天文台」（チリ）で撮影された，天の川銀河（真ん中）と大マゼラン雲（左）だ。地球のある太陽系も，この天の川銀河に属している。私たちは天の川銀河の中からその中心方向を見ているため，密集した星が帯のようにみえる。

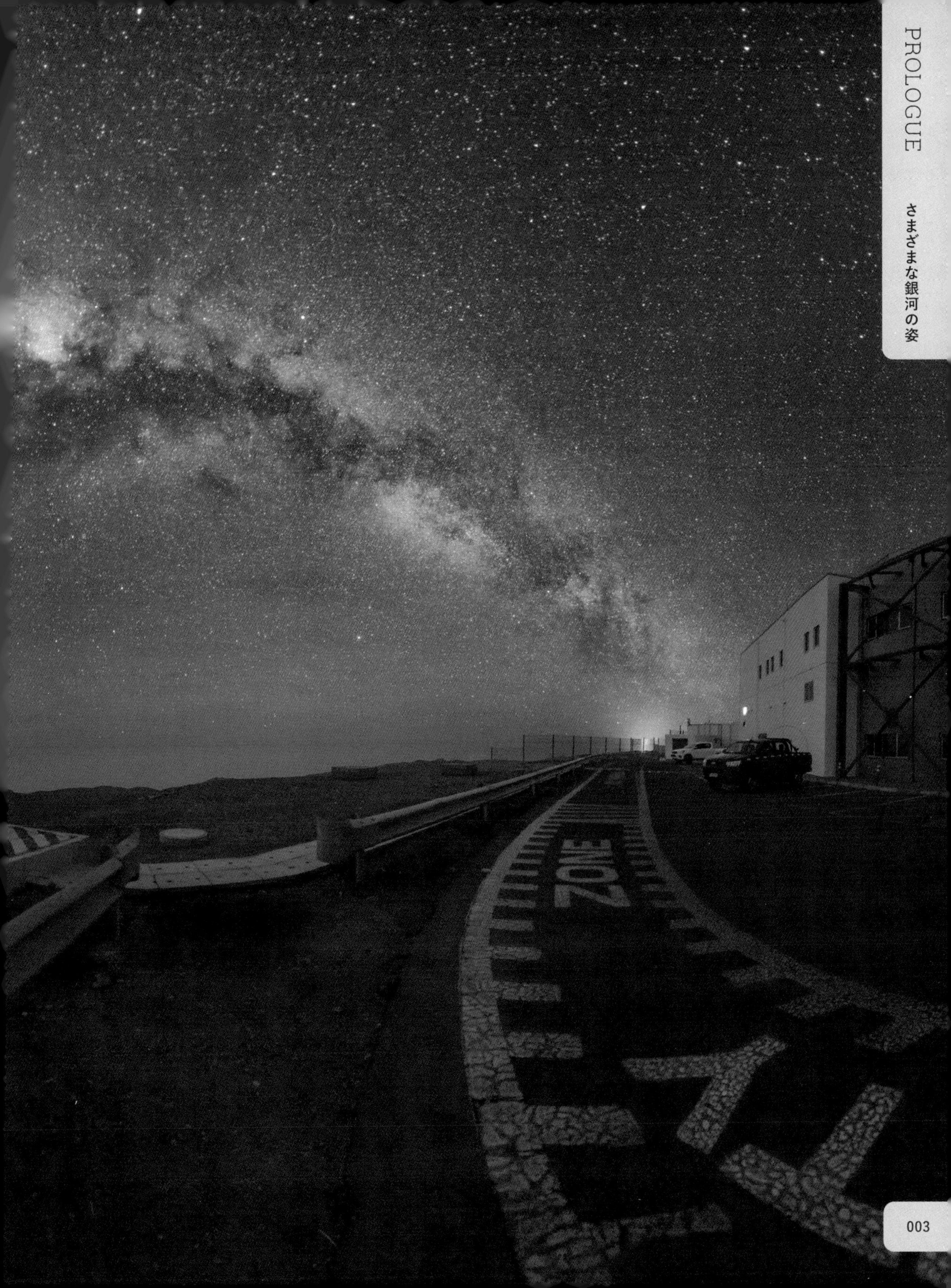
ZONE

ジェイムズ・ウェッブ
宇宙望遠鏡がとらえた「ESO 350-40」

誌面右側にあるのは，ちょうこくしつ座の方向，5億光年（1光年は約9兆4600キロメートル）ほど離れた位置にある「車輪銀河」だ。その特徴的な構造は，大きな渦巻銀河に別の小さな銀河が衝突したことによりできた。中心部にある輪のような構造はハブ（車軸を取りかこむ部位），腕の部分はスポーク，外縁の輪は車輪の外縁やタイヤのようにみえる。

　中心の明るい部分には高温のちりが大量にあり，若い恒星がたくさん存在する。外縁の輪は外側に膨張することで周囲のガスを巻きこみ，そこでも新しい恒星がいくつもつくられている。なお，誌面左側にみえる二つの小さな銀河は，車輪銀河とは無関係であると考えられている。

天の川銀河よりも大きな
渦巻銀河「アンドロメダ銀河」

アンドロメダ座の方向，250万光年ほど離れた
位置にある「アンドロメダ銀河」は，太陽系の
ある天の川銀河の近隣に位置する。その直径は
22万〜26万光年で，天の川銀河の2倍ほどの
大きさをもち，1兆個以上の恒星がある。また，
別の小規模な銀河（矮小銀河）と過去に合体し
たなごりも観測されている。条件がよければ，
地球から肉眼でも観測することができる。

中心に棒状の構造をもつ
棒渦巻銀河「NGC 1300」

エリダヌス座の方向，地球から
6000万光年ほど離れた位置に
ある。渦巻状の腕をもち，中心
の明るい部分（バルジ）が棒状
になっている「棒渦巻銀河」に
分類される。バルジには恒星の
材料となるガスが大量にあり，
バルジ両端からのびた二つの腕
には，若くて高温の恒星がたく
さん輝いている。

恒星が球形に集まった
楕円銀河「M87」

おとめ座の方向, 5500万光年ほど離れた位置にある楕円銀河。アンドロメダ銀河や天の川銀河など（渦巻銀河）が平面的な円盤状であるのに対し, M87は立体的な球形をしている。

　左上に明るくみえているのが銀河の中心で, そのまわりに球状に広がる黄色い輝きのそれぞれが, 銀河に含まれる無数の恒星である。また, 筋のように噴きだしてみえるのは「ジェット」とよばれる構造で, 中心にある超大質量ブラックホールの周辺から放出されたものだと考えられている。

ソンブレロ銀河
（M104）

おとめ座とからす座の間で観測できる銀河で, 地球から3100万光年ほどの距離にある。地球からは, 銀河の円盤構造をほぼ真横から見る形になり, その形状がメキシコのつば広帽子「ソンブレロ」に似ていることから, この愛称がついた。

　もともと渦巻銀河に分類されていたが, 観測により楕円銀河の特徴をもつことが判明した。そのため, 現在では楕円銀河であるのに円盤構造をもつ, めずらしい銀河であると考えられるようになった。

天の川銀河のそばにある
「大マゼラン雲」

地球から16万光年しか離れていない銀河。アンドロメダ銀河と同じく, かつては, 天の川銀河の中にある星雲と考えられていたため「大マゼラン雲」とよばれることが多いが, れっきとした銀河である。

　大きさは天の川銀河の5分の1ほどで, 円盤構造のような決まった形をもたない「不規則銀河」（または矮小不規則銀河）に分類される。

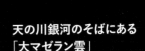

爆発的に星が生まれる「M82」

M82は，おおぐま座の方向に1200万光年離れた場所に位置する
銀河である。中心部分では，天の川銀河の10倍の速さという爆発
的な星形成（スターバースト）がおきており，平均的な銀河よりも
100倍ほど明るく輝いている。スターバーストの原因は，近くに
ある銀河「M81」との接近によるものと考えられている。

　なお，この画像はハッブル宇宙望遠鏡（可視光：黄緑，オレン
ジ），スピッツァー望遠鏡（赤外線：赤），チャンドラX線観測衛
星（X線：青）の観測結果を重ねあわせたもので，可視光で写され
ている銀河面からほぼ垂直な方向に，赤外線やX線で輝くさまざ
まな温度のガスやちりが放出されているようすがわかる。

遠くにあるのに明るく輝く「3C 273」

地球から約20億光年という，とても遠い場所にあるにもかかわらず，より近くにある銀河と同じくらい明るく輝く姿が観測できる。発見当初は，恒星にみえるが恒星ではない天体を意味する「クェーサー（準恒星状天体）」とよばれた。現在では，中心にある巨大ブラックホールがきわめて活発に活動している「活動銀河」であることがわかっている（3C 273は，人類が最初に発見した活動銀河）。X線で観測すると，20万光年にもおよぶ巨大なジェットを放出しているようすがよくわかる（右の画像）。

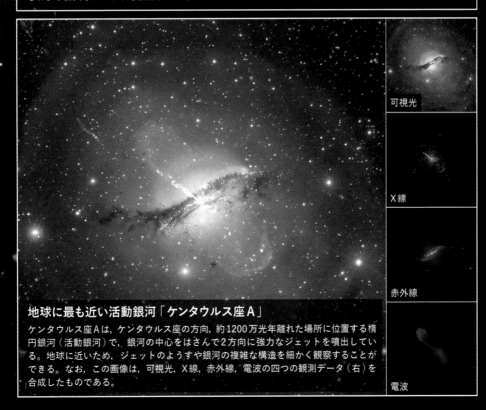

可視光

X線

赤外線

電波

地球に最も近い活動銀河「ケンタウルス座A」

ケンタウルス座Aは，ケンタウルス座の方向，約1200万光年離れた場所に位置する楕円銀河（活動銀河）で，銀河の中心をはさんで2方向に強力なジェットを噴出している。地球に近いため，ジェットのようすや銀河の複雑な構造を細かく観察することができる。なお，この画像は，可視光，X線，赤外線，電波の四つの観測データ（右）を合成したものである。

巨大な原始超銀河団「ハイペリオン」

この画像は，宇宙誕生のビッグバンからわずか23億年後の宇宙に存在した，巨大な原始超銀河団「ハイペ
リオン」を，ESOの超大型望遠鏡（VLT）の観測データをもとにしてえがいたものである。これほど早い時
代の宇宙で見つかった構造としては，これまでで最も大きなものだ。VLTで「ろくぶんぎ座」の方向にある
1万個以上の銀河の距離を測定し，銀河の３次元地図を作成することで発見された。

　ハイペリオンは７個ほどの銀河集団がつながってできており，質量は太陽の1000兆倍ほどと，近距離の
宇宙に存在する超銀河団（銀河の集団）とあまりかわらない。しかし，地球の近くにある超銀河団のような
細かい構造はみられず，銀河どうしがたがいの重力でゆるく結びついているようだ。数十億年後には，現在
の「おとめ座超銀河団」のような構造に進化するのかもしれない。

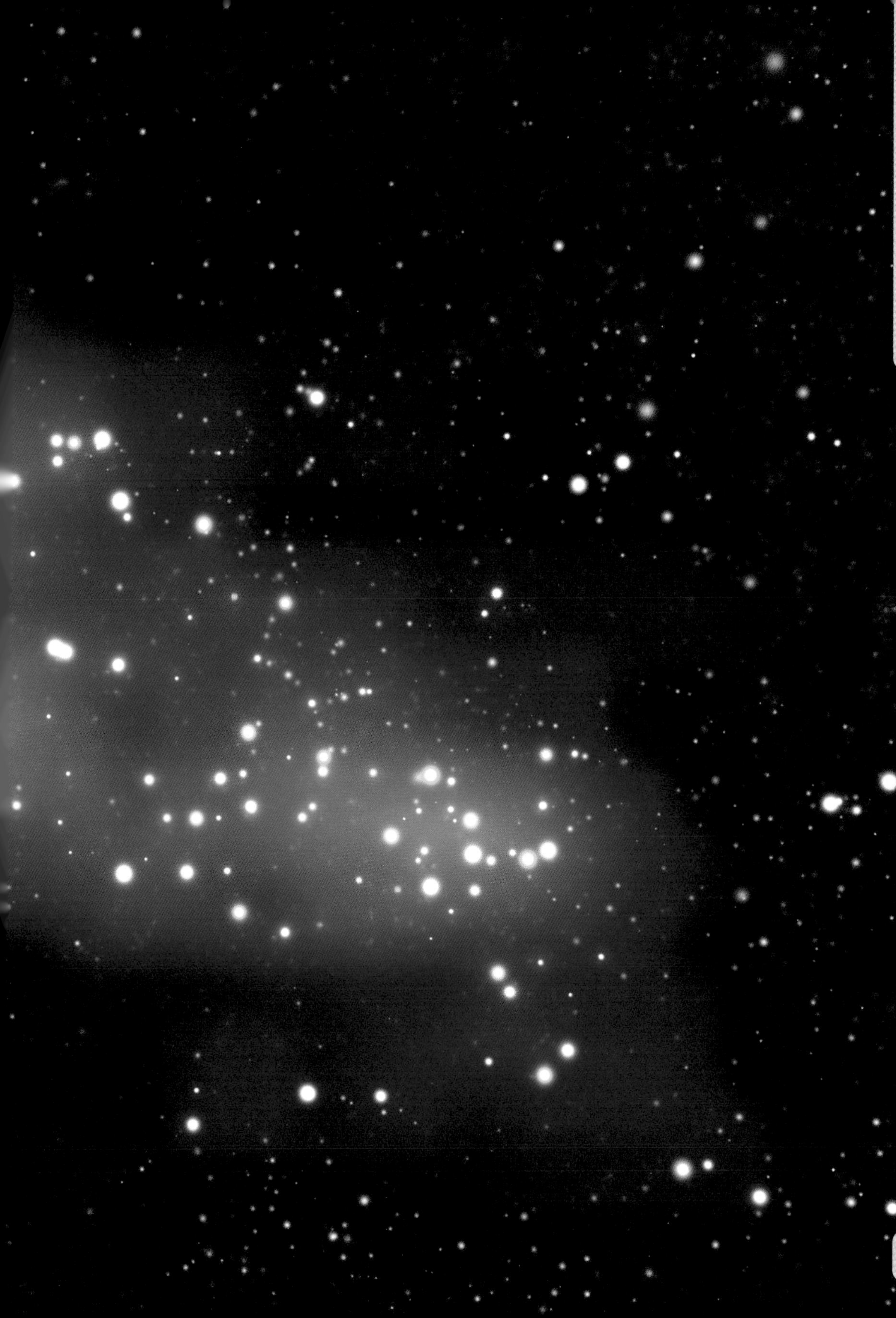

Newton
プレミア
保存版シリーズ

銀河のすべて

美しい銀河の姿と未解明の"謎"に,
最新視点からせまる!

002　プロローグ　協力・監修 田村元秀／秦 和弘

1 銀河の姿

協力 有本信雄／嶋作一大, 監修 渡部潤一

銀河とは ……………………………… 016
さまざまな形をした銀河 …………… 018
横から見た銀河 ……………………… 022
散開星団・球状星団 ………………… 024
ハロー ………………………………… 026
ダークマター ①② …………………… 028
銀河群・銀河団・超銀河団…………… 032
局所銀河群 ①② ……………………… 034

ラニアケア超銀河団 ………………… 038
アンドロメダ銀河 …………………… 040
マゼラン雲 …………………………… 042
矮小銀河……………………………… 044
活動銀河……………………………… 046
クェーサー …………………………… 048
Column
星の明るさをあらわす「等級」………… 050

2 私たちの天の川銀河

協力 坂井伸行／中西裕之, 協力・監修 縣 秀彦／渡部潤一

天の川銀河…………………………… 054
天の川………………………………… 056
天の川銀河研究の夜明け ①～③ …… 058
Column 太陽系の天体………………… 064
天の川銀河の疑問「腕」………………… 066

天の川銀河の疑問「円盤状」………… 068
天の川銀河の疑問「棒状構造」………… 070
真の姿が明らかになる日 …………… 072
天の川銀河で発見された「ペバトロン」
……………………………………… 076

3 天の川銀河3Dマップ

協力 松永典之, 監修 縣 秀彦

肉眼で見える天の川銀河の星 ……… 080
黄道十二星座………………………… 082
変化する星座 ………………………… 084
太陽に最も近い恒星 ………………… 086
地球から100光年の宇宙 …………… 088

地球から5000光年の宇宙 ………… 090
天の川銀河の腕……………………… 092
天の川銀河の断面…………………… 094
天の川銀河はたわんでいる? ……… 096

4 銀河にひそむブラックホール

協力 須山輝明／原田知広，協力・監修 川島朋尚

天の川銀河の"主" …………………… 100
ブラックホールをとらえろ ……………… 102
時空の穴 ……………………………… 106
原始ブラックホール ①② …………… 110

超大質量ブラックホール誕生の謎 …… 114
進む原始ブラックホール研究 ………… 116

5 銀河の衝突 そして進化

協力 柏川伸成／嶋作一大／森 正夫

天の川銀河とアンドロメダ銀河の接近 ①②
……………………………………… 120
衝突を予言する証拠 ………………… 124
銀河は頻繁に衝突している? ………… 126

星の誕生 ……………………………… 128
衝突の黒幕 ①② …………………… 130
銀河衝突の終着点 …………………… 134

6 銀河がつくる宇宙の大規模構造

協力 杉山 直／高田昌広／村山 斉

宇宙は"泡"で満たされている ①② …… 138
大規模構造の"タネ" ………………… 142
大規模構造の成長 …………………… 144
取り巻くように分布するダークマター … 146

鍵をにぎる「インフレーション」………… 148
大規模構造の観測と宇宙の将来 …… 150
ダークマターの正体 ………………… 154

7 銀河研究を支える観測技術

監修 渡部潤一

ジェイムズ・ウェッブ宇宙望遠鏡 ①② … 164
初期銀河の姿 ………………………… 168
宇宙最初の星「ファーストスター」……… 170
すばる望遠鏡 ………………………… 172

重力波望遠鏡「LIGO」「KAGRA」……… 174
次世代望遠鏡 ………………………… 176

8 銀河に存在する? 宇宙人をさがしだせ

協力 田村元秀／鳴沢真也／山岸明彦

史上最大規模の宇宙人さがし ……… 180
魔法の周波数 ………………………… 182
Wow! シグナル ……………………… 184
宇宙人とのメッセージ ①② …………… 186
宇宙人と核のゴミ …………………… 190

謎の超巨大建造物「ダイソン球」……… 192
宇宙文明の数を見積もる
「ドレイクの方程式」………………… 194
天の川銀河にある宇宙文明の数 …… 200
地球外知的生命と出会う日 ………… 202

1章

銀河の姿

協力　有本信雄／嶋作一大
監修　渡部潤一

　人類は古来，星空をながめ，遠い宇宙に思いを馳せてきた。そして，さまざまな観測データを集め，少しずつその謎を解き明かしてきた。本章では，最前線の「銀河の姿」について紹介する。また，さまざまな銀河の種類や，恒星が集まってできた「星団」，ガスが広がって輝く「星雲」などについてもあつかう。

銀河とは ……………… 016

さまざまな形をした銀河… 018

横から見た銀河……… 022

散開星団・球状星団 … 024

ハロー……………… 026

ダークマター ①② …… 028

銀河群・銀河団・超銀河団… 032

局所銀河群 ①② …… 034

ラニアケア超銀河団 … 038

アンドロメダ銀河 …… 040

マゼラン雲 …………… 042

矮小銀河…………… 044

活動銀河…………… 046

クェーサー ………… 048

Column

星の明るさをあらわす「等級」

……………………… 050

多数の恒星からなる天体の集団「銀河」

　私たちの地球は太陽系という天体の集団に属しており，太陽系は「天の川銀河（銀河系）」に属している。宇宙には天の川銀河以外にもさまざまな銀河[※1]（天体の集団）が存在し，その総数は1000億～1兆個になるとみられる。なお，銀河は宇宙空間に均等に散らばっているわけではなく，銀河群や銀河団とよばれる"群れ"を形成している。

銀河はどのようにつくられたのか

　天文観測から，宇宙誕生から約5億年後には，すでに銀河とよべるものが存在していたことがわかっている。最初にできたのは，比較的少数の恒星[※2]からなる銀河の"タネ"（原始銀河）だったと考えられている。原始銀河は，そこから何億年・何十億年という歳月をかけて，近くにある原始銀河どうしが重力によって引きあい，衝突・合体をくりかえして，徐々に大きな銀河へと成長していったようだ。

※1：どの程度の数の恒星が集まれば銀河とよべるのか，はっきりとした定義はない。
※2：みずから光を発して輝く天体のこと。

成長していく銀河

小さな原始銀河（銀河のタネ）どうしが衝突・合体し，大きな銀河へと成長していくようすをえがいた。

4. （→）
合体をくりかえしてできた大きな銀河

（←）
1. 接近する原始銀河

（←）
2. 衝突・合体する原始銀河

（←）
3. さらに衝突・合体する原始銀河

銀河は
さまざまな形をしている

銀河はその見かけの形によって，「楕円銀河」「渦巻銀河」「棒渦巻銀河」「不規則銀河」に大別される（20ページに画像を掲載した）。

楕円銀河は，その名のとおり楕円形をした銀河である。楕円銀河を構成する星は，一般的に赤いものが多い。赤い星は年齢が古いことから，楕円銀河は比較的古い時代につくられたと考えられる。

渦巻銀河は，渦巻状の構造（渦状腕）をもっている。渦巻銀河によく似た棒渦巻銀河は，バルジを含む中心部が棒状をしており，その両端から渦状腕がのびている。

楕円銀河にも渦巻銀河にも分類できないのが，若い星が集中する領域が無秩序に分布し，不規則な形をしている不規則銀河である。一般的に，その質量は小さい。

宇宙には不規則銀河が最も多く，これらが衝突・合体してより大きな銀河へと成長していくと考えられている。

銀河円盤
バルジの中央を中心として円運動を行っている。天の川銀河では，直径は約10万光年（1光年は光が1年に進む距離で，約9兆4600億キロメートル）にもおよぶ。

球状星団（きゅうじょうせいだん）
数万から数百万個という多くの星が，ほぼ球状に密集している領域（→24ページ）。

渦巻銀河の構造

代表的な銀河のタイプである，渦巻銀河の構造をえがいた。中心にある球状の構造は「バルジ」とよばれる。バルジからは"腕"がのび，渦巻きをつくっている。この渦により，円盤形状がつくられている。

　円盤の周囲には，「球状星団」が銀河を取りかこむように存在している。また，ここにはえがいていないが，銀河を包みこむように「ダークマター」が存在している（→28ページ）。

バルジ
中心にある球状の構造（→22ページ）。多くの渦巻銀河のバルジの中心には，巨大なブラックホールが存在する。

腕／渦状腕
渦を巻いているようにみえる構造。星の形成が活発（→22ページ）。

ハロー
バルジと，渦状腕を含む銀河円盤を包みこむ球体の領域（→26ページ）。

渦巻銀河（うずまきぎんが）
地球から約250万光年の距離にある，おとなりの「アンドロメダ銀河」。美しい渦巻模様がみえる。
　アンドロメダ銀河は天の川銀河と重力的に相互作用しており，天の川銀河の方向に近づいてきていることがわかっている。

棒渦巻銀河
ろ座の方向にある棒渦巻銀河「NGC 1365」。地球からの距離は，約6000万光年。

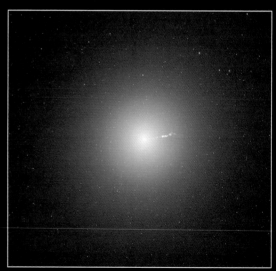

楕円銀河（だえんぎんが）
楕円銀河「M87」。おとめ座の方向，地球から約5400万光年離れている。1000億以上の星を含む。

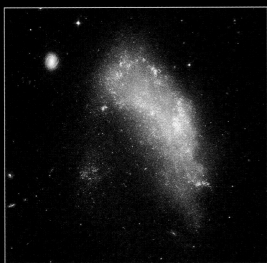

不規則銀河

不規則銀河「NGC 1427A」。ろ座の方向，地球から約4000万光年離れている。

銀河の基本的な構造

バルジ

腕

棒状構造

円盤

円盤を取りかこむ，このほかの球状
の領域が「ハロー」。

＊なお，楕円銀河にも渦巻銀河にも分類できない銀河として「レンズ状銀河」もある。楕円銀河と渦巻銀河の中間的な銀河と位置づけられており，円盤はあるが渦巻模様はない。

銀河の「腕」には
若い星や星間物質が密集している

渦巻銀河は，銀河のなかでもよくみられる形で，アンドロメダ銀河，おおぐま座M81，りょうけん座M51などがその代表例である。ちなみに私たちの天の川銀河は，棒渦巻銀河であると考えられている。

下に示したのは，天の川銀河を横から見たようすだ。中心にあるふくらみがバルジで，その厚さは中心部分で1万5000光年ある。10万光年とされる直径

恒星と恒星の間に存在する「星間物質」

宇宙空間は真空だと思われがちだが，さまざまな物質がごく薄い濃度で存在している。それが「星間物質」である。星間物質は，星をつくる材料となるガスと固体のちり粒子（宇宙塵：うちゅうじん）からなり，ガスの化学組成（重量比）は水素73％，ヘリウム25％と，二つが圧倒的に多い。

星間物質の典型的な密度は，1立方センチメートルあたり水素原子1個程度と，かぎりなく真空に近く，地球上の実験室でつくられる真空よりも密度が低い。しかし天の川銀河全体でみれば，星間物質の質量は，恒星の総質量の約10％を占めるほどだ。

天の川銀河内の星間物質の密度は，きわめて広範囲にわたっている。たとえば，星が生まれる直前の「分子雲コア」（高密度なガス塊）では，1立方センチメートルあたり水素分子が10万個以上と非常に多い。

を考えると，この円盤はかなり薄いことがわかる。なお円盤のまわりには，球状星団とよばれる星のかたまりが150個ほど確認されている※（黄色い球としてえがいた）。

バルジには，重元素が少ない古い星（年齢は100億歳以上）が集まっている。星の母体となる星間物質がほとんどなく，星の生成活動はおきていないと考えられている。

一方，回転運動をしている銀河円盤には，重元素の多い若い星が分布している。とくに渦状腕には，非常に若い星（生まれてから100万〜1000万年の重くて明るい星）と星間物質が密に集まっている。

※：球状星団は，円盤からかなり離れたところに，円盤を包みこむようにも存在しており，図中にすべてをえがいているわけではない。

恒星が密集した
「散開星団・球状星団」

　星団とは，多数の恒星が密集している領域のことをいう。その形状から2種類に分類され，不定形な形をしているものを「散開星団」，球状にまとまっているものを「球状星団」という。

　散開星団では，直径5〜50光年の範囲に数十〜数百個の恒星が集まっている。天の川銀河の銀河円盤の分子雲（星間物質が高密度に集まったもの）から誕生するため，ほぼ同時に生まれた若い星からなり，天の川周辺に集中して分布している。プレアデス星団，ヒヤデス星団，プレセペ星団など，約1500個が知られている。

　球状星団は，直径数十〜数百光年の範囲に数万〜数百万個の恒星が集まったものである。天の川銀河の中心部（バルジ）に数多く分布し，またハローにも散在している。ヘルクレス座M13，りょうけん座M3など約150個が知られている。球状星団の星は非常に古く，多くのものは誕生してから100億年をこえるといわれている。

球状星団（NGC 2808）

アメリカのハーロウ・シャプリー（1885〜1972）は1915年，球状星団の分布を調べ，その分布の中心が太陽とはかけ離れていることに気づいた。当時は太陽が天の川銀河（＝当時の宇宙）の中心付近にあると考えられており，宇宙像は矛盾を抱えることとなった。さらに，遠くの球状星団は，当時考えられていた宇宙の端より遠くにあることもわかった。このことが宇宙像を見直すきっかけの一つとなり，やがてハッブルによる「銀河の発見」につながった。

散開星団の星々は
みな"兄弟姉妹"（→）

散開星団は，生まれてから間もない，若い星たちの集まりである。散開星団は，ガスやちりが濃く集まった「星間分子雲」から生まれる。一つの星間分子雲は圧縮と断片化をくりかえし，そのそれぞれが数十から数百個の恒星として輝きはじめる。これが散開星団の誕生である。散開星団を構成する星々はみな，同じ親（星間分子雲）から生まれた兄弟姉妹なのである。

銀河円盤のまわりに
散在する球状星団（→）

球状星団は，渦巻銀河のバルジやハローにある（図中・オレンジ色の球体）。天の川銀河にある最も古い星は，球状星団にある星たちだ。

星間分子雲

圧縮と
断片化

圧縮と
断片化

さらに
圧縮され,
恒星となる

暗黒星雲内の星生成領域

天の川銀河内にある暗黒星雲

銀河円盤のまわりを
取りかこむ「ハロー」

　銀河は，ハローとよばれる領域に取りかこまれている。たとえば私たちの天の川銀河では，球状星団や伴銀河（マゼラン雲など，銀河の周囲を公転するより小さな銀河）の運動などからハローは広大な領域を占めていると考えられているが，その実態はよくわかっていない。

　天の川銀河のハローは3層に分けられる。最も内側は「光学ハロー」で，球状星団が分布している。バルジにあるそれらとくらべると数は少ないが，どの球状星団も，天の川銀河の形成時にできたと考えられている。

　光学ハローの外側には，「X線ハロー」が存在している。X線ハローは，電波やX線の観測から見つかったもので，光学ハローの2倍から数倍の大きさをもち，希薄な高温のガスで満たされている。

　さらに，X線ハローの外側には「ダークハロー」が広がっていると考えられている。これは，未知の「ダークマター」という物質からなる領域で，質量，直径ともに銀河円盤を大きく上まわるものと予想されている。

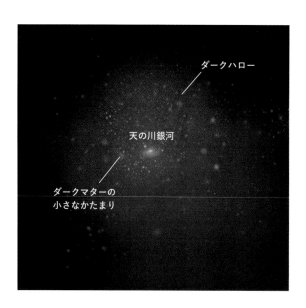

光学ハロー
（直径約15万光年）

ダークハロー

天の川銀河

ダークマターの
小さなかたまり

光学ハロー（→）
球状星団や矮小銀河（わいしょうぎんが）などが存在する，球状の領域。光学ハローの外側には，X線ハローが存在している。X線ハローの外側には，ダークハローが存在している。

（←）ダークハロー
X線ハローよりもはるかに広範囲に，銀河系の円盤を包みこむように分布していると考えられている。ダークハローの中にはダークマターの小さな集団があり，運動しているはずだ。

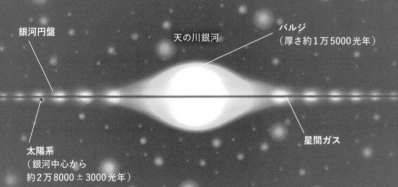

球状星団

銀河円盤

天の川銀河

バルジ
（厚さ約1万5000光年）

星間ガス

太陽系
（銀河中心から
約2万8000±3000光年）

数々の実験でも見つからない 正体不明の物質「ダークマター」

本やリンゴ，私たちの身体だけでなく，宇宙に存在する恒星や惑星，星間物質などは，すべて原子からできている。さらに細かくみれば，「クォーク」や「レプトン」などの素粒子からできているといえる。物質は必ず光（電磁波）を吸収・放出するので，光で観測すれば見ることができる。

しかし，このような「見える物質」は，実は宇宙に存在するすべての“もの”の質量（エネルギー）[※1]のうち，わずか5パーセントしか占めていない。残り95パーセントのうち，68パーセントが「ダークエネルギー[※2]」，27パーセントが，質量をもっており重力がはたらくものの，光では見えない「ダークマター」である。

現在のところ，ダークマターの正体として有力なのは，未発見の素粒子「アクシオン」である。アクシオンは，可視光や電波などあらゆる電磁波と相互作用しないため，私たちには観測できないと考えられている。

※1：特殊相対性理論の式「$E = mc^2$」（E はエネルギー，m は質量，c は光速）によれば，質量とエネルギーは本質的に同じものだといえる。
※2：ダークエネルギーも正体不明。

ダークマターはなぜ「ある」といえるのか

見えもしないダークマターが，なぜ「ある」と考えられているのだろうか。実は，ダークマターには重さ（質量）があり，周囲に重力をおよぼす。たとえば，銀河の集まりである銀河団の質量は，個々の銀河の運動速度などから推定することができる。しかし，目に見える物質だけでは銀河団全体の質量をまかなえない。そこで，何らかの目に見えない物質，つまりダークマターが銀河団に分布していると考えられるようになったのである。

宇宙の観測などから推定すると，宇宙には普通の物質の5〜6倍の質量のダークマターが存在しているとみられている。ダークマターの粒子1個の質量はわかっていないが，陽子の100倍以上という説がある。もしそうだとすると，地球のまわりでは，1立方メートルあたり3000個程度のダークマターの粒子があることになる。

ダークマターの粒子

宇宙の大規模構造
（→33ページ）

銀河を取り巻くダークマター

銀河や銀河団は大量のダークマターとともにある

ダークマターには重力がはたらくため，宇宙の誕生直後にはまずダークマターの濃い部分が重力で集まり，そこに通常の物質も集まってきて最初の恒星や銀河が生まれたと考えられている。そのため，**現在の銀河や銀河団にも，光で見える恒星やガスの総質量をはるかに上まわる，大量のダークマターが含まれているはずだ。** このことは，銀河の回転や，銀河団に含まれる銀河の運動などの観測からも裏づけられている。

本節の図は，ダークマターが注目されるきっかけとなった，アンドロメダ銀河の回転のようすをえがいたものだ。アメリカの天文学者ヴェラ・ルービンは，アンドロメダ銀河の中心に近い部分と外縁部において，銀河に含まれる水素ガスの回転速度を調べたところ，速度がほぼかわらないことを発見した。目に見える星などの重力源だけを考えると，中心部のほうが回転速度が速くなるはずだ（右下）。このことから，銀河には星などのほかに目に見えない重力源（ダークマター）が分布しており，それによって外縁部のガスの回転が速くなっていると考えられるようになったのである。

銀河に分布するダークマター
（紫色のもやとして表現）

アンドロメダ銀河

ダークマターが広く分布していればガスの回転の謎を説明できる

ガスの回転速度が銀河の中心付近でも外縁部でもかわらないという謎を解明するためには，銀河中心に集中している星などの「目に見える質量」以外に，「目に見えない質量」が銀河を広くおおっていると考える必要がある。このとき，銀河内のガスから見ると，自分より外側にあるダークマターは銀河中心の方向のみならずさまざまな方向への重力をおよぼすため，その重力は相殺される。つまり，ガスは自分より内側にあるダークマターからのみ重力を受けることになる。すると，銀河の外縁部にあるガスのほうが，内側にあるダークマターが多いぶん，ダークマターによる重力を強く受けることになる。

ルービンは，このダークマターによる重力を加味することで，ガスの回転速度の謎を説明できると考えたのである。

ダークマターがない場合の
アンドロメダ銀河のガスの回転のようす

銀河の質量は主に銀河の中心部に集中しており，重力の強さは距離の2乗に反比例して弱まっていく。銀河中心に近いガスが銀河中心に落ちこまず，一定の距離を保ってまわっているとすれば，そのガスは高速で回転して強い遠心力を生みだし，強い重力とつり合いをとっているはずだ。反対に，銀河中心から遠いガスは，それほど速く回転していないと考えられる。

アンドロメダ銀河

回転速度が速い

回転速度が遅い

遠心力

重力が強い

重力が弱い

ヴェラ・ルービン
（1928 〜 2016）

回転速度が
ほぼ同じになる。

銀河の中心付近

銀河の外縁部

ダークマターに
よる重力は弱い

目に見える天体などに
よる重力は強い

遠心力

ダークマターに
よる重力は強い

目に見える天体などに
よる重力は弱い

多数の銀河が集まった「銀河群・銀河団・超銀河団」

宇宙には多くの銀河が存在するが，3個以上数十個程度以下の銀河の集まりは「銀河群」とよばれる。

一方，1000万光年程度の領域に，50個より多くの銀河が集まる銀河の集団は「銀河団」とよばれる。これまでに，全天で約1万個弱の銀河団が，カタログにおさめられている。

天の川銀河から最も近いのは，5900万光年の距離にある「おとめ座銀河団」である。近いものとしては，1億2000万光年先の「ポンプ座銀河団」，距離3億2000万光年先にの「かみのけ座銀河団」などがあげられる（それぞれが位置する星座名がつけられているものが多い）。

銀河団の中で，銀河が分布する見かけの形はさまざまだ。おとめ座銀河団は不規則な形を，かみのけ座銀河団は円に近い規則的な形をしている。また，ほ

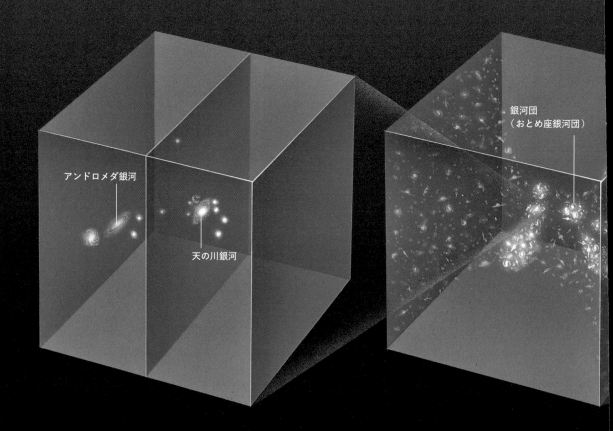

銀河団
（おとめ座銀河団）

アンドロメダ銀河

天の川銀河

銀河群
（一辺が600万光年）

私たちの天の川銀河は，大・小マゼラン雲，アンドロメダ銀河などの近くの銀河と，比較的小さな小集団（局所銀河群とよばれる）をつくっている。図の中央にえがかれた面は，銀河面（天体の分布を示す際に基準となる平面）をあらわしている。

超銀河団
（一辺が3億光年）

天の川銀河から距離約1億光年以内にある銀河は，おとめ座銀河団を中心にして「おとめ座超銀河団」を構成している。なお，天の川銀河は，おとめ座超銀河団のふちのほうにある。

とんどの銀河団はX線を放射しているが，これは銀河団中に閉じこめられた高温ガスからの熱放射である。

　銀河団よりもさらに大きいのが「超銀河団」である。複数の銀河群や銀河団からなり，そのサイズは1億光年以上にもなる。

超銀河団としては，おとめ座超銀河団，かみのけ座超銀河団，ペルセウス－うお座超銀河団などが知られている。

　宇宙には1億光年以上にわたり，銀河がほとんどない，空洞のような領域（ボイド）がある。超銀河団は糸状や板状になって

ボイドを囲むように分布しており，そのようすは無数の泡がつらなっているように見えるという。このような，超銀河団とボイドがつくる「宇宙の大規模構造」は，宇宙の至るところに存在すると考えられている。

宇宙の大規模構造
無数の銀河が網目状（泡状）に分布した巨大な構造。"黒い領域"は，銀河がほとんど存在していない空洞で「ボイド」とよばれる。編み目の広がりやボイドの直径は，数億光年ある（宇宙の大規模構造については，6章でくわしく解説する）。

局所銀河群に秘められた
銀河の歴史

「局所銀河群」とは, 天の川銀河とアンドロメダ銀河を中心とする, 半径約300万光年の銀河群である。50以上の銀河が集まっているが, これらは主に天の川銀河とアンドロメダ銀河のまわりに集中しており, サブグループをつくっている。また,

このサブグループから離れた場所にも, 二つの銀河の重力にとらわれている, いくつかの小さな銀河が存在している。

二つの銀河と, M33という渦巻銀河を除くと, 局所銀河群の銀河はすべて, 非常に小さな『矮小銀河』である。現在の標準的

な銀河進化の理論によれば, 大きな銀河は小さな銀河が合体して生まれると考えられている。つまり局所銀河群の矮小銀河は, 天の川銀河やアンドロメダ銀河をつくった小さな銀河たちの生き残りなのだ(→36ページにつづく)。

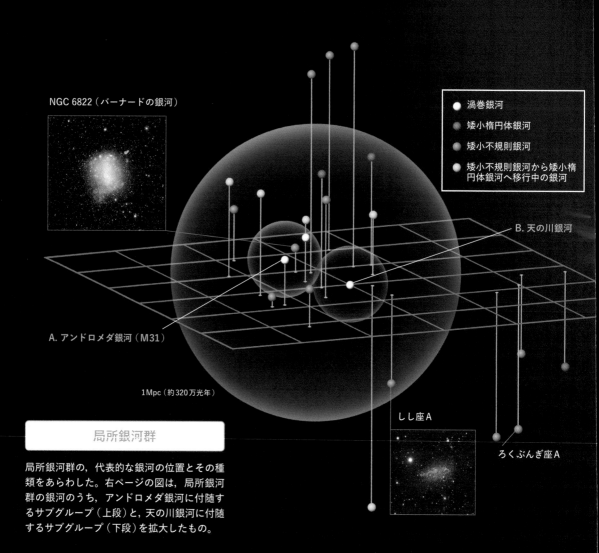

NGC 6822 (バーナードの銀河)

凡例:
- 渦巻銀河
- 矮小楕円体銀河
- 矮小不規則銀河
- 矮小不規則銀河から矮小楕円体銀河へ移行中の銀河

A. アンドロメダ銀河 (M31)

B. 天の川銀河

1Mpc (約320万光年)

しし座A

ろくぶんぎ座A

局所銀河群

局所銀河群の, 代表的な銀河の位置とその種類をあらわした。右ページの図は, 局所銀河群の銀河のうち, アンドロメダ銀河に付随するサブグループ (上段) と, 天の川銀河に付随するサブグループ (下段) を拡大したもの。

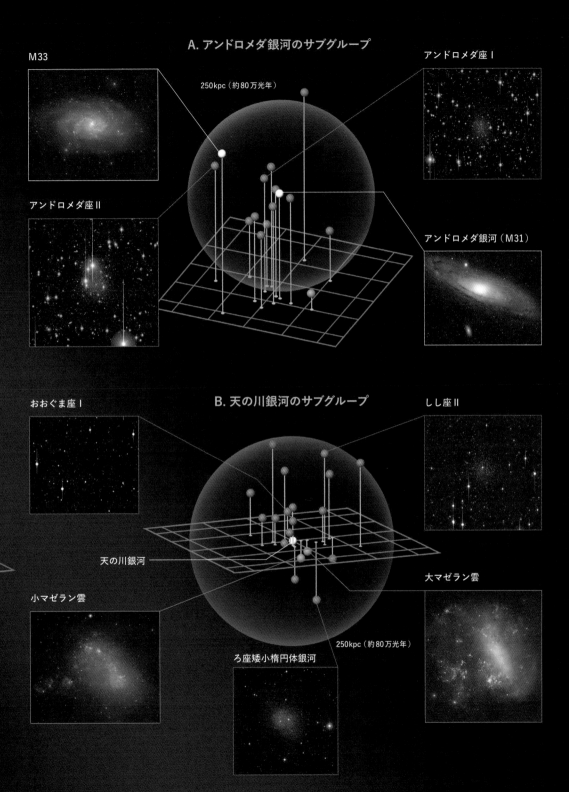

A. アンドロメダ銀河のサブグループ

M33

アンドロメダ座Ⅰ

250kpc（約80万光年）

アンドロメダ座Ⅱ

アンドロメダ銀河（M31）

B. 天の川銀河のサブグループ

おおぐま座Ⅰ

しし座Ⅱ

天の川銀河

大マゼラン雲

小マゼラン雲

250kpc（約80万光年）

ろ座矮小楕円体銀河

星を見分けて
矮小銀河の歴史をさぐる

　局所銀河群の銀河は，地球からの距離が近いため，それぞれの銀河の星一つひとつを見分けることができる。銀河の進化と形成について研究している国立天文台名誉教授の有本信雄博士は，「それは，銀河の進化の歴史を知るための大きなポイントとなります」と話す。

　個々の星を見分けることができると，それらの星の色―等級図上の位置を知ることができる。星の進化の理論から，星の色―等級図上の位置は，その星の年齢と関係することがわかっている。そこで，一つの銀河にあるたくさんの星について色と明るさの関係を調べれば，その銀河にどのような年齢の星が多いのかという情報が得られるわけだ。すると，その銀河がどのような星形成の歴史をたどってきたのかがみえてくる。

　また，天の川銀河のハローとよばれる外縁の領域には，かつてこれらの銀河に取りこまれた矮小銀河のなごりの星がまとまって存在すると考えられる。同じ矮小銀河出身の星たちは，似たような化学組成をもっているため，それを調べることで，かつてどのような矮小銀河が天の川銀河と合体したのかがわかる。そこで国立天文台の「すばる望遠鏡」では，2400個の星の光を同時に分析し，星の化学組成を調べることのできる装置の開発を進めている。

　有本博士は「こうして星の一つひとつを徹底的に調べることで，天の川銀河がどのようにできたのかをさぐることができるでしょう。これを，銀河考古学とよんでいます」と話す。

銀河の進化にかかわるかくれた銀河

　ところが，観測で見つかっている矮小銀河の数は，理論をもとにしたシミュレーションで予測される数よりもずっと少ないという。足りない矮小銀河は，いったいどこへいってしまったのだろうか。

　最近の研究によると，「非常に暗い矮小銀河」が存在することがわかってきた。「おおぐま座I」がそうだ。そのような銀河のある場所では，一見すると一様に星が散らばっているだけのようにみえる。しかし，星の色と明るさの関係を調べてみると，あるまとまったパターンがみられ，そこに銀河が存在することがわかるのだ。すばる望遠鏡による大規模な探査で，最近多くの見えない矮小銀河が見つかってきており，このかくれた矮小銀河の謎が解決できると期待されている。

　これらの銀河は，天の川銀河で最も古い球状星団「M92」くらいに古い。これは星の年齢に幅がなく，星形成が宇宙初期の短い時間で停止したことを物語っている。宇宙が再電離したときに強い紫外線を受け，星形成が阻害されたのだろう。

　このように局所銀河群は，銀河の形成や進化について理解するうえで最適な研究の場であり，「銀河進化の実験室」ともいえるのである。

天の川銀河を取り巻く銀河（→）

天の川銀河のサブグループでは，「大マゼラン雲」（B1）と「小マゼラン雲」が有名である。これらは「矮小不規則銀河」に分類されるが，「マゼラン雲型渦巻銀河」とよばれることもある。大マゼラン雲は，地球から16万光年と近い距離にあるため，最も高い分解能（一つひとつの星を見分ける能力）で観測されている。

B2は「ろ座矮小楕円体銀河」で，地球から60万光年離れたところにある。銀河全域に年齢が100億年をこえる古い星が広がる一方で，10億年に満たない若い星も存在する。しかし，星の材料となるガスは見つかっていない。

天の川銀河のサブグループのメンバーには，矮小楕円体銀河が多く存在する。天の川銀河の矮小楕円体銀河は，ろ座矮小楕円体銀河のように，古い星だけでなく比較的若い星をもっていたりと，アンドロメダ銀河のそれにくらべて個性に富んでいる。

A1. M33

A2. アンドロメダ座Ⅰ

A3. アンドロメダ座Ⅱ

アンドロメダ銀河を取り巻く銀河

A1は, アンドロメダ銀河のサブグループに属する渦巻銀河「M33」である。地球からの距離は250万光年で, 直径は天の川銀河の10分の1以下しかない。渦巻の腕に沿って, たくさんの星が生まれている。青い点は若い星, ピンクの点は, その中心で誕生した星が放つ紫外線によって電離した水素ガスである。

A2は「アンドロメダ座Ⅰ」, A3は「アンドロメダ座Ⅱ」である（どちらも矮小楕円体銀河）。矮小楕円体銀河では, 星の材料となるガスがほとんどないため, 新しい星はほとんどつくられていない。

B1. 大マゼラン雲

B2. ろ座矮小楕円体銀河

天の川銀河の所属が変更された!?

銀河は,宇宙空間で"一匹狼"(おおかみ)になることはほとんどなく,たがいに群れて存在しているものだ。群れは一つのグループとみなされ,銀河の所属先を示すものとなる。なかでも「超銀河団」は最も大きな単位であり,私たちでいうところの国籍にあたる。

これまで,天の川銀河は「局所銀河群」(あま/がわ/しょ/きょく)に属し,局所銀河群はさらに大きな「おとめ座超銀河団」に属するとされてきた。

ところが 2014 年,天の川銀河のこの所属が大きくかわるかもしれないという論文が発表された。**一つの超銀河団が占める範囲,つまり境界線を決めるための新しい方法※が試されたのである。**

超銀河団の範囲を決めるために利用されたのは,銀河の動きである。銀河には,宇宙の膨張により私たちから遠ざかるようにみえる動きと,宇宙空間をバラバラな方向に動く「特異運動」(とくい)がある。論文では約 8000 個の銀河について過去の観測データを使い,それぞれの特異運動の速さと向きを求めた。そして,それぞれの銀河の位置と運動の向きをマップ上に示した(下図)。

天の川銀河の所属は「ラニアケア超銀河団」

マップを見ると,銀河の集団が同じ方向に向かっているようすがわかる。たとえばマップの白線は,天の川銀河(ピンク色の点)とおおよそ同じ方向に向

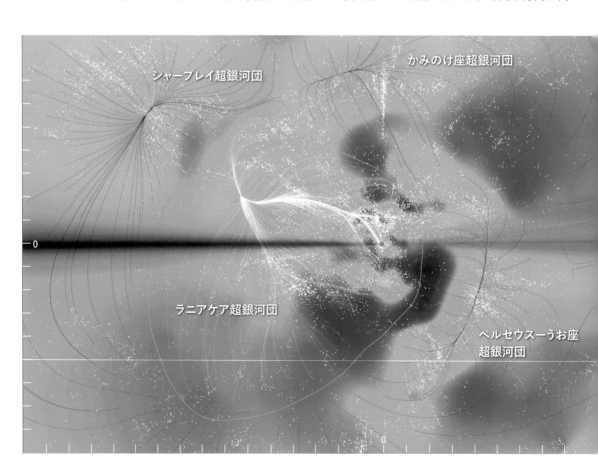

シャープレイ超銀河団

かみのけ座超銀河団

0

ラニアケア超銀河団

ペルセウス-うお座
超銀河団

0

かう銀河の動きだ。そもそも銀河が特異運動をするのは，宇宙空間に重力のむらがあるからで，銀河は重力の強い方向に動いていく。白線が向かう方向は，かつて強力な重力源（グレートアトラクター）があると考えられていた領域に一致する。

論文では，この白線の領域内（＝オレンジ色の枠内）にある銀河は，複数の銀河団などからなる同じ重力源の影響を受けているとみなされた。**オレンジ色の線を境に，銀河の運動が分かれているのだ。**この枠を超銀河団の境界と定義し，枠内を「ラニアケア超銀河団」と命名したのである（ラニアケアとは，ハワイ語で「広大な天」の意味）。

ラニアケア超銀河団は，直径5億光年，質量は太陽10^{16}個分で，10万個の銀河を（局所銀河群も）含む。直径でくらべると，これまで超銀河団とみなされてきたものよりも数倍大きい。

天の川銀河周辺の重力分布が明らかに

今後，ほかの超銀河団も，銀河の特異運動をもとにした新しい方法で範囲を決め直されるのだろうか。東京大学の嶋作一大博士（しまさくかずひろ）によれば，それはきわめてむずかしいという。

それぞれの銀河は，特異運動に加えて，宇宙膨張の効果によって天の川銀河から遠ざかってみえる。特異運動の速度を求めるためには，観測される銀河の速度から，宇宙膨張による遠ざかりの速度を差し引く必要がある。ただ，宇宙膨張による遠ざかりの速度を求めるためには，銀河までの距離が必要である。これは，宇宙膨張によって，遠い銀河ほど遠ざかりの速度が大きくなるためだ。この銀河の距離の値は正確である必要がある

（わずか10％の誤差があるだけで，特異運動を計算できなくなる）。今回分析された近場の銀河より遠方の銀河になると，現在の観測技術では特異運動を求めることはできないだろう。

どうやら所属を変更されるのは，天の川銀河とその近隣の銀河のみのようである。ただ今回，超銀河団の範囲をはっきりとした基準で決めたこと以外にも大きな成果があった。それは，**天の川銀河周辺の重力分布を明らかにしたこと**である。嶋作博士は次のように語る。

「天の川銀河は周囲からの重力を受けて運動します。ですので，天の川銀河周辺の重力分布が明らかになったことで，天の川銀河の運動を生みだす原因を細かく説明することができるようになります。さらに今回は，銀河の運動という力学的（りきがく）な現象をたよりに重力分布を求めているため，見えないダークマターの分布も推定できます。

現在の宇宙論では，ダークマターが宇宙の構造（銀河の分布など）の"タネ"となったと考えられています。つまり，ダークマターの重力に，普通の物質が引き寄せられて，宇宙の構造がつくられたと考えられているわけです。今回明らかになった重力分布が，この仮説の検証に使われていくでしょう」

（←）天の川銀河近辺の銀河の密度と特異運動の向きを平面上に示したマップ

天の川銀河は，マップの中心にある（ピンク色の点）。縦軸，横軸はそれぞれ，天の川銀河からの距離を示している。一目盛りあたりの距離は，約13.3メガパーセク（Mpc，1Mpcは約326万光年）に相当する。マップ中に散らばっている白い小さな点は，銀河である。赤色の領域は銀河の密度が高く，緑色の領域は中程度の密度，青色の領域は銀河がほとんどないスカスカの場所だ。そしてラニアケア超銀河団に属する，多数の銀河の動きから求めた大まかな銀河たちの動きの方向を，白線で示している。その白線の端をなぞったオレンジ色の枠が，ラニアケア超銀河団の境界線である。これ以外の領域へ向かっている銀河の動きを，黒線で示している。

シャープレイ超銀河団，かみのけ座超銀河団，ペルセウス－うお座超銀河団は，以前から知られていたものだ。なお，おとめ座超銀河団は，ラニアケア超銀河団の中に含まれる。

※：そもそも超銀河団の範囲の決め方はあいまいで，複数の銀河団が集まっていれば，そのようによんでいた程度である。

肉眼でも見ることができる「アンドロメダ銀河」

「アンドロメダ銀河」は，アンドロメダ座 ν 星の近くに広がる銀河である。アンドロメダ銀河の存在は 10 世紀にはすでに知られており，当時は「小さな雲」とよばれていた。1771 年にシャルル・メシエが星雲（輝く雲のようにみえる天体）の位置を観測し，まとめた「メシエカタログ」では，「M31」と名づけられている。

アンドロメダ銀河が天の川銀河の外にあることがわかったのは，1924 年のことである。アメリカの天文学者であるエドウィン・ハッブル（1889 ～ 1953）は，稼働をはじめたばかりのウィルソン山天文台の 100 インチ望遠鏡を使い，アンドロメダ銀河の中に「セファイド」とよばれる脈動変光星を見つけ，変光周期と絶対光度の関係を使って距離を決めることに成功した。ハッブルが測定したアンドロメダ銀河の距離は，天の川銀河のサイズをはるかに上まわっていたことから，アンドロメダ銀河は天の川銀河の外にあることが証明されたのだ。その後，距離決定の精度が上がり，地球からアンドロメダ銀河までの距離は 250 万光年であることがわかっている。

アンドロメダ銀河は，「M32」と「NGC 205」という小銀河をともなっている。これらはアンドロメダ銀河のまわりを公転する伴銀河で，主銀河と重力で引きあっている。また，アンドロメダ銀河自体も天の川銀河やほかのいくつかの銀河と重力的に結ばれ，局所銀河群を形成している。

アンドロメダ銀河（一）

かつて，その直径は 13 万光年程度と考えられていたが，最近の観測によって，ハローの星々がアンドロメダ銀河の円盤部分の一部であることが判明したため，アンドロメダ銀河の大きさは「直径 22 万～ 26 万光年」と大きく広がった。

見かけの等級（地球から見たときの明るさ）は約 4 等なので，肉眼で見ることができる。典型的な渦巻銀河だが，地球にいる私たちは真横に近い方向から見ることになるため，細長い楕円形にみえる。渦巻構造も観測しにくいが，数本の渦状腕があると考えられている。この渦状腕に沿って，若い星の存在を示す散光星雲が数多く観測されている。

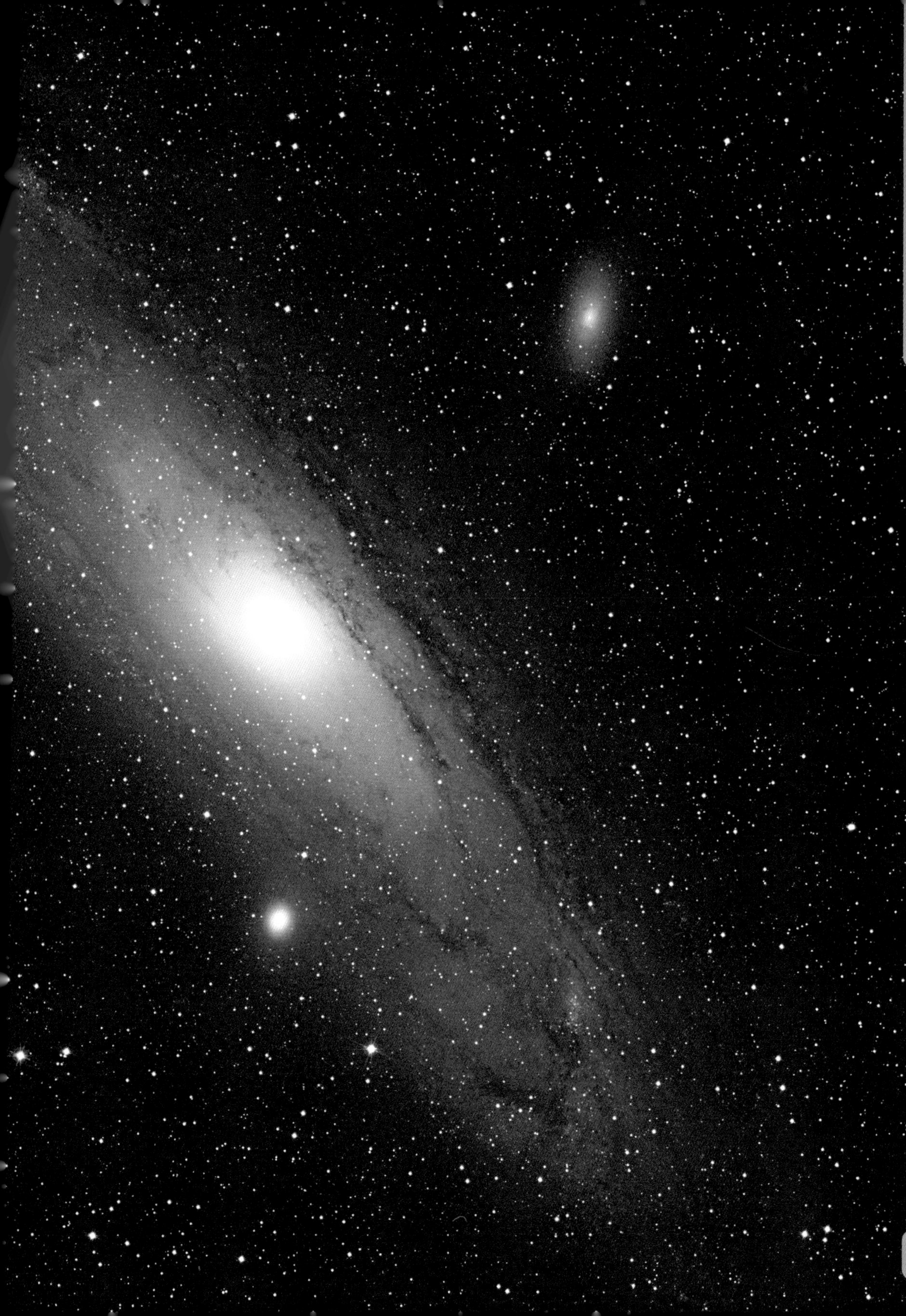

天の川銀河のまわりを公転する 小さな銀河「マゼラン雲」

マゼラン雲は南半球の空に見られる，きょしちょう座の「小マゼラン雲」と，かじき座の「大マゼラン雲」からなる。1520年に，探検家フェルディナンド・マゼラン（1480～1521）が世界一周航海の途中で発見したといわれている。

二つの星雲は，いずれも「矮小不規則銀河」である。矮小不規則銀河は，渦巻銀河や楕円銀河とちがって乱れた形をしており，星形成活動が行われている。また，若い星だけでなく，古い星も銀河全域に広がっている傾向がある。

伴銀河か それとも……

地球からの距離は，大マゼラン雲が16万光年，小マゼラン雲が20万光年だ。直径はそれぞれ，2万光年と1万5000光年である。

二つの銀河は8万光年しか離れておらず，共通の重心のまわりをまわっている。これまでマゼラン雲は，天の川銀河の重力の影響を受け，天の川銀河のまわりを25億年の周期で公転している伴銀河とされてきた。しかし近年は，「たまたま近くを通りかかっているだけ」という可能性も指摘されている。

なお，電波で観測すると，その軌道に沿ってたなびいている水素ガスの雲（マゼラン雲流）があることがわかる。

太陽系の位置

格好の観測目標となっている
大小マゼラン雲

マゼラン雲は地球の近くにあるので，格好の観測目標となっている。たとえば，散開星団と球状星団の中間的な性質をもつ星団がある。また，直径800光年という巨大な散光星雲も存在する。この星雲は「タランチュラ星雲」とよばれ，1987年には超新星が出現した。

マゼラン雲流
大小マゼラン雲から流れだしたとみられる水素ガスの流れ。

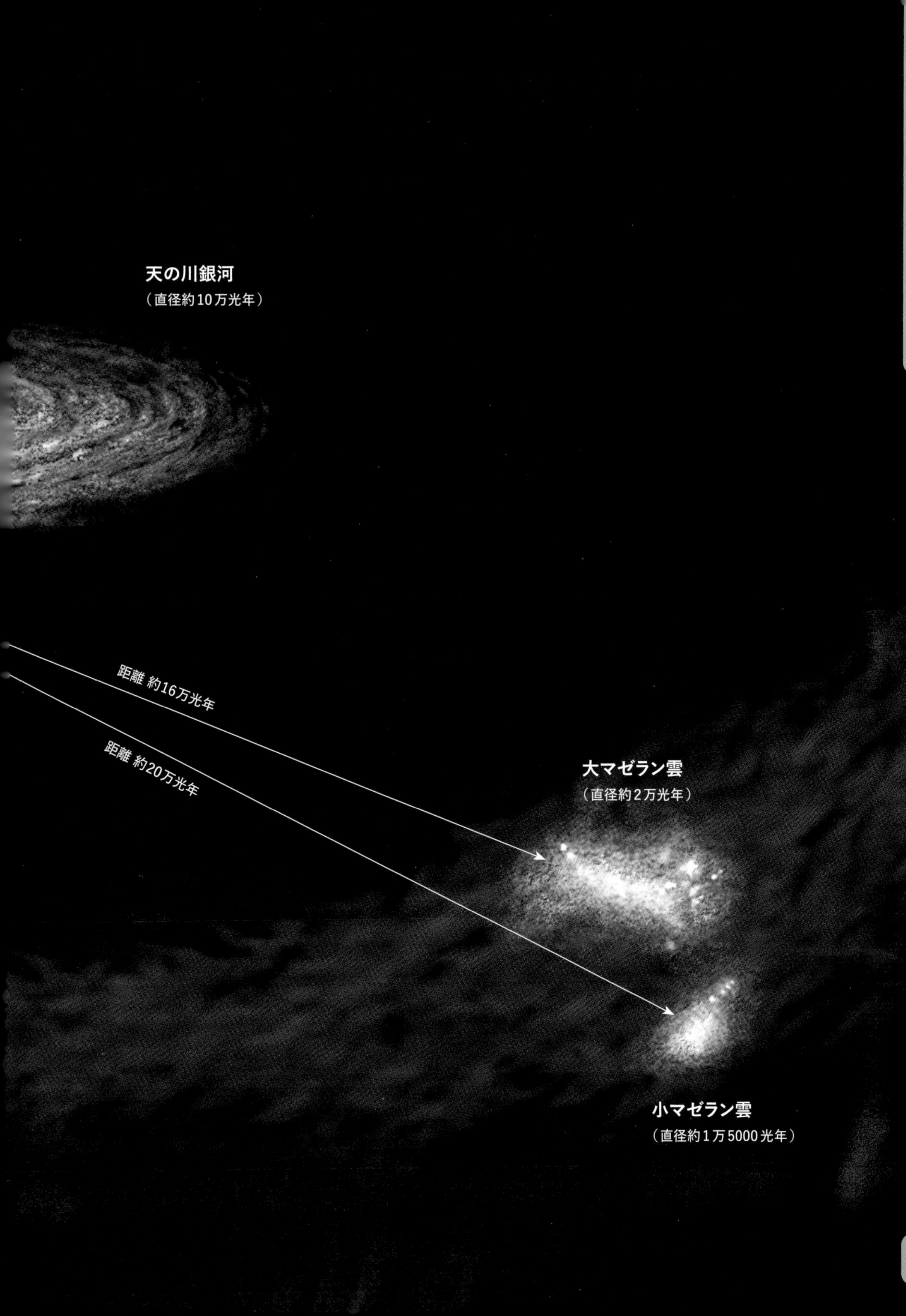

天の川銀河
（直径約10万光年）

距離 約16万光年

距離 約20万光年

大マゼラン雲
（直径約2万光年）

小マゼラン雲
（直径約1万5000光年）

サイズや質量が小さい「矮小銀河」

「矮小銀河」とは,サイズや質量が小さな銀河のことである。通常その規模は,天の川銀河の100分の1程度で,太陽質量の10^6〜10^{10}倍しかない。形状は,楕円形をしたもの(矮小楕円銀河・矮小楕円体銀河)が圧倒的に多い。なお,**楕円銀河,渦巻銀河,棒渦巻銀河という分類の仕方は普通の銀河の分類体系で,矮小銀河はこれらとは別種に分類される。**

矮小銀河は,銀河群や銀河団中に多数みられる[※]。たとえば,アンドロメダ銀河のまわりをまわる伴銀河「M32」,「ろ座矮小楕円体銀河」などがそうだ。

矮小銀河は暗いので(絶対等級が−18等級より暗い), 以前は近距離にあるものしか観測することができなかった。しかし観測技術の発達により, 近年はより遠方のものも発見できるようになってきた。たとえば, 右の画像はハッブル宇宙望遠鏡により撮影された「いて座矮小楕円銀河」である。天の川銀河の伴銀河で, 地球から約7万光年の距離にある。直径は約1万光年で, 質量は天の川銀河の1000分の1ほどだ。

※:矮小銀河は,天の川銀河が属する局所銀河群の中にも多数存在しており,より大きな銀河の周囲をまわっていることが多い。天の川銀河のまわりにも,少なくとも18個の矮小銀河が存在することが確認されている。

いて座矮小楕円銀河

NGC 6822

辺境にある矮小銀河(→)

地球から170万光年の距離,天の川銀河とアンドロメダ銀河のどちらからも離れた場所にある「NGC 6822」。120億年以上前に星形成がはじまり,数十億年前までに誕生する星が徐々に少なくなっていったと考えられているが,現在多くの若い星が見つかっており,1〜2億年前に星形成が再活発化したことがわかっている。

なお,NGC 6822のように,どちらのサブグループにも属さない矮小銀河には,矮小不規則銀河が多い。

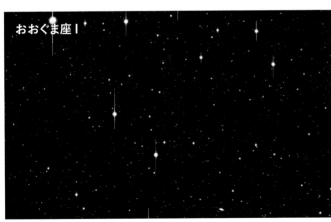

おおぐま座I

(←) 姿の見えない矮小銀河

左は，すばる望遠鏡でとらえた「おおぐま座I」のある領域。見た目には銀河らしきものはまったく見あたらないが，この画像に写る星の色と明るさの関係を分析すると，おおぐま座Iに属する星とそうでない星を分けることができる。

おおぐま座Iに属する星だけを取りだしてその密度をえがいていくと，中心へ向かうほど密度が高いことが示され，そこに銀河があることがはっきり見てとれる。

高エネルギー電磁波を放出する「活動銀河」

　銀河の中心部に「活動銀河核（AGN）」をもつ銀河を，「活動銀河」とよぶ。通常の銀河は，星や星間塵，星間ガスといった構成要素からエネルギーを放出しているが，活動銀河は，活動銀河核にあるとされるブラックホールから，高エネルギー電磁波を放射している。

　活動銀河は，放射の特徴によっていくつかのタイプに分類される。光学的な観測では通常の銀河とかわらないが，電波による観測では爆発現象を示す，強い放射がみられるものを「電波銀河」という。電波銀河は，通常の銀河の約100万倍の強い電磁波を放出しており，そのほとんどが楕円銀河である。代表例は「はくちょう座A」で，「二つ目玉電波源（電波ローブ）」とよばれる二つの強い電波源から，電磁波を放出していると考えられている。

　電波とX線を強く放射し，光の偏光が強いものを「ブレイザー」といい，楕円銀河に多くみられる。また，光で観測したとき，高速度のガスが発するスペクトル線（輝線）があらわれるものを「セイファート銀河」という。こちらは，ほとんどが渦巻銀河だ。爆発的な星生成活動をしている「スターバースト銀河」もガスの輝線を出すが，ガスの運動速度はセイファート銀河より小さい。

　これらの活動銀河は，地球からはさまざまなちがいをもって観測されるが，それは活動銀河の地球に対する向きがことなることによるちがいで，すべて同じものではないかという見方もある。

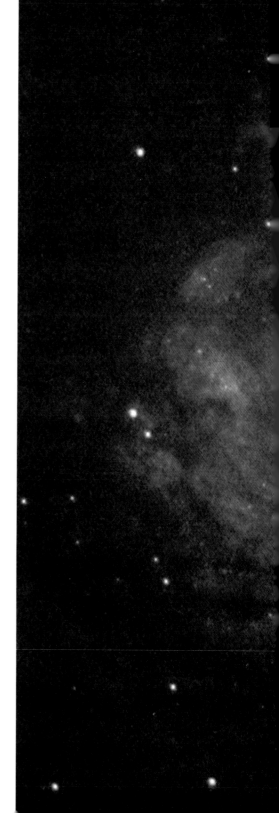

> セイファート銀河の一つ
> 「コンパス座銀河」（→）

地球から1300万光年離れた「コンパス座」に位置する。中心部には，超巨大なブラックホール（活動銀河核：落ちこんだガスにより輝くブラックホール）があると考えられている。画像のピンク色の部分が，高速度のガスが発するスペクトル線（輝線）。

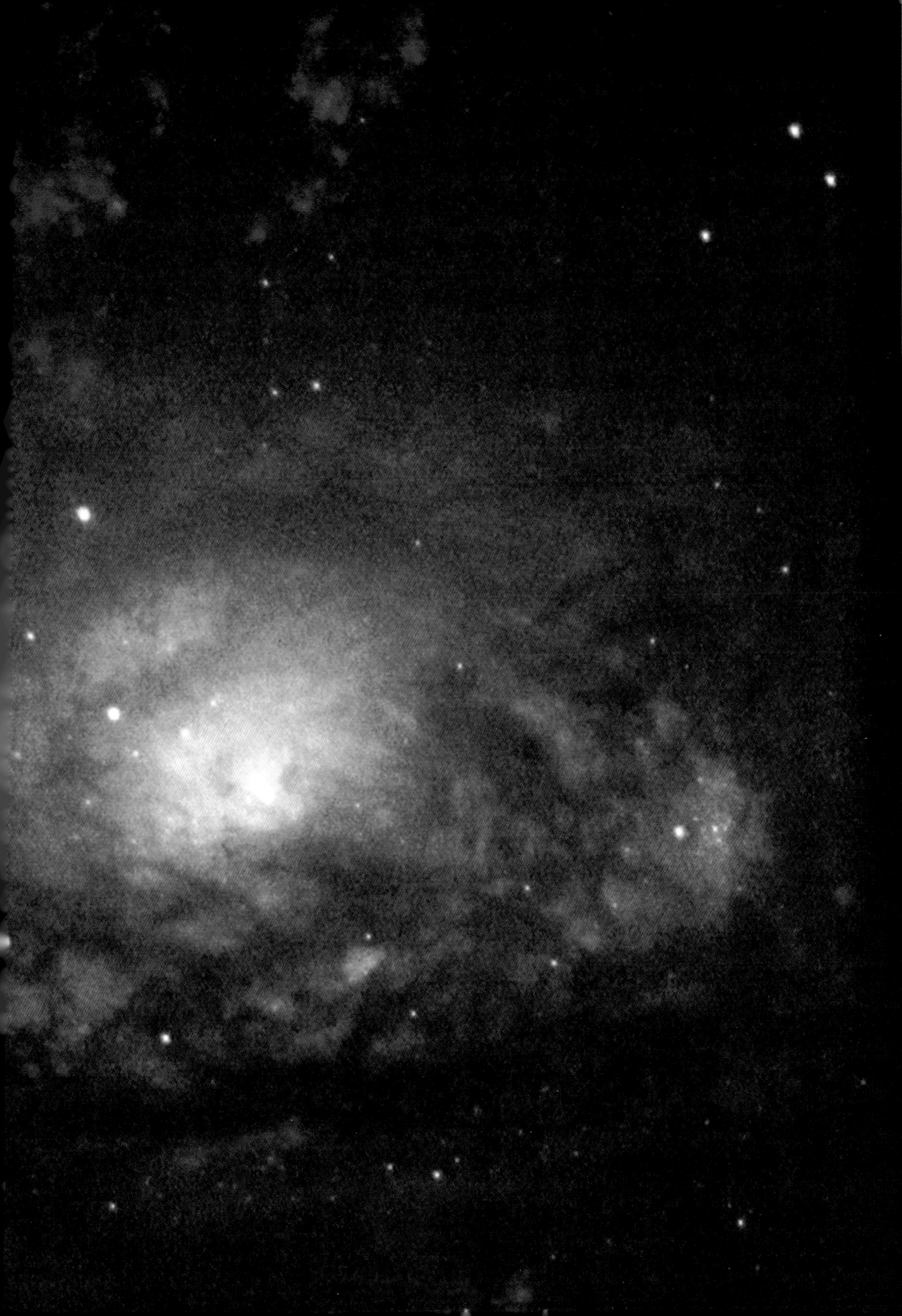

太陽の1兆倍もの明るさで輝く「クェーサー」

クェーサー（Quasar）とは，**太陽の1兆倍もの明るさで輝く非常に活発な活動銀河である。** かつては，恒星のように見え，電波を放射していたことから，「準恒星状天体（QSO：quasi-stellar object）」あるいは「準恒星状電波源（quasi-stellar radio sources）」と名づけられたが，のちに略してクェーサーとよばれるようになった。

クェーサーの母体は銀河で，中心（活動銀河核）からは膨大なエネルギーが「ジェット」として放出されている[※]。

はじめて発見されたクェーサーは，おとめ座の方向，地球から約15億光年離れた場所にある「3C 273」である（1963年）。その後，ほかのクェーサーも次々に発見され，現在では約130億光年彼方のものまでが観測されている。

※：中心に巨大なブラックホールがあり，そこにガスやちりなどの物質が吸いこまれるときに，重力エネルギーが放出される。

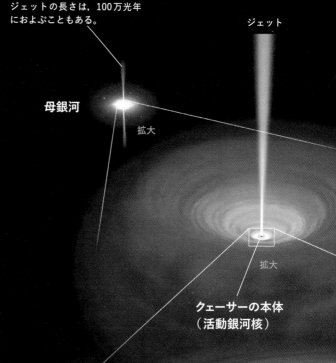

ジェットの長さは，100万光年におよぶこともある。

ジェット

母銀河

拡大

拡大

クェーサーの本体（活動銀河核）

降着円盤（こうちゃくえんばん）
高温のプラズマ（電子とイオンに分かれたガス）の渦。中心ほど高温になっている。図では降着円盤を途中までしかえがいていないが，実際はブラックホールの1000倍程度の大きさまで広がっている。

クェーサー（→）

現在考えられているクェーサーの構造を，3段階の縮尺でえがいた。

ガストーラス

電離していない中性のガスやちりでできた円盤。実際は，降着円盤の100〜1000倍程度の大きさまで広がっている。外側ほど厚い。

ジェット

電子と陽電子（反電子）の高速の流れ。コンピュータシミュレーションによると，らせんをえがきながら物質が噴出していると考えられる。観測的には，ジェットのくわしい構造はわかっていない。

超大質量ブラックホール

標準的なクェーサーの場合，半径は30億キロメートル程度。

空隙

降着円盤は，ブラックホールの半径の3倍程度のところからはじまり，その手前はほとんど物質が存在しない。この領域では，物質はブラックホールの重力によって，あっという間にブラックホールに吸いこまれるからだ。

星の明るさをあらわす単位
「等級」とは

星の明るさ(地球から見たときの明るさ)をあらわすのに,「1等星」や「2等星」といったよび方,つまり「等級」が使われている。

星の等級の歴史は,古代ギリシャまでさかのぼる。古代ギリシャの天文学者ヒッパルコス(紀元前190ごろ～前125ごろ)は,夜空の中で最も明るい星たちを1等星とし,晴れた夜空でかろうじて見える暗い星たちを6等星とした。そして,その間の明るさの星たちを,順に2～

5等星に分類した。等級の数が小さいほど星が明るいことを,等級の数が大きいほど星が暗いことを意味する。

ヒッパルコスの等級の決め方は感覚的なものだったが,19世紀には,イギリスの天文学者ノーマン・ポグソン(1829～1891)が,しっかりとした定義を考案した。1等星の平均的な明るさと,6等星の平均的な明るさの差が約100倍であることが観測によってわかったため,「100倍の明るさの差を5等級の差と

する」と定義したのである。

これは,「2.5×2.5×2.5×2.5×2.5＝約100」という式に置きかえられる。2.5を5回掛けあわせる,つまり1等級分の明るさの差は「約2.5倍」ということだ。これにより,1から6以外の等級もあらわせるようになったのである。

通常,2等星は「1.5等以上,2.5等未満」をさし,それ以降も同様だ。ただし,1等星は「1.5等未満の明るい星すべて」をさすことがある。

● 星の等級と明るさの比較

星の等級(実視等級,見かけの明るさ)による明るさの差を,光の点の数で表現した。

1等星の明るさ
(6等星の100倍)

2等星の明るさ
(6等星の約39.8倍)

3等星の明るさ
(6等星の約15.9倍)

4等星の明るさ
(6等星の約6.3倍)

5等星の明るさ
(6等星の約2.5倍)

6等星の明るさ

星の真の明るさを示す
「絶対等級」

　夜空には，肉眼で容易に見える星もあれば，望遠鏡がなければ見えない星もある。地球に近い星は明るく，遠い星は暗くみえるが，明るい星だからといって地球に近いというわけではないし，暗い星だからといって地球から遠いというわけでもない。星の本当の明るさは，地球から等距離のところに置いてくらべてみなければ，わからないのだ。

　星や天体の明るさを示すとき，前述のような等級分けが一般的だ。このような等級を「実視等級」という。実視等級は，あくまで私たちの眼にはどのような明るさで見えるかということ（見かけの明るさ）を示したもので，星までの距離（星の真の明るさ，絶対光度）は考慮されていない。これは，星の等級分けが考えられた古代ギリシャでは，星は天球に張りついているものであり，すべて同じ距離にあると考えられていたためだ。

　天文学が発達し，宇宙は広大無辺な空間であることがわかってくると，当然，星までの距離はさまざまであることがわかる。そこで考えだされたのが，「絶対等級」である。絶対等級では，すべての星を地球から同じ距離（10パーセク＝32.6光年）にもってきたときに何等級になるのかを調べる。たとえば，実視等級では－26.8等であった太陽は，絶対等級では4.8等となり，一般的な恒星であることがわかる。

＊絶対等級も見かけの等級も，1等の差は約2.5倍。

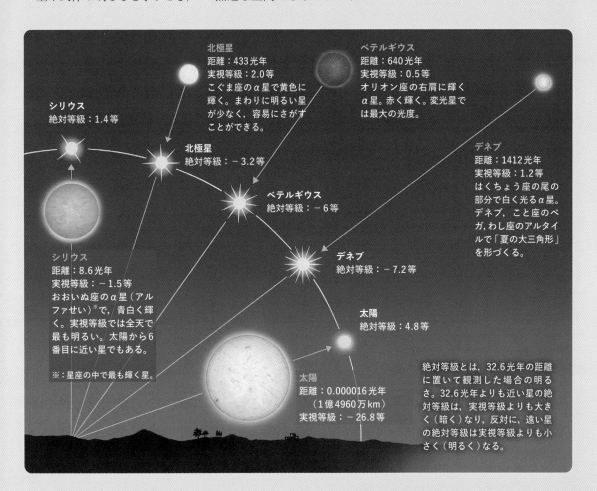

シリウス
絶対等級：1.4等

北極星
距離：433光年
実視等級：2.0等
こぐま座のα星で黄色に輝く。まわりに明るい星が少なく，容易にさがすことができる。

北極星
絶対等級：－3.2等

ベテルギウス
距離：640光年
実視等級：0.5等
オリオン座の右肩に輝くα星。赤く輝く。変光星では最大の光度。

デネブ
距離：1412光年
実視等級：1.2等
はくちょう座の尾の部分で白く光るα星。デネブ，こと座のベガ，わし座のアルタイルで「夏の大三角形」を形づくる。

ベテルギウス
絶対等級：－6等

シリウス
距離：8.6光年
実視等級：－1.5等
おおいぬ座のα星（アルファせい）※で，青白く輝く。実視等級では全天で最も明るい。太陽から6番目に近い星でもある。

※：星座の中で最も輝く星。

デネブ
絶対等級：－7.2等

太陽
絶対等級：4.8等

太陽
距離：0.000016光年
（1億4960万km）
実視等級：－26.8等

絶対等級とは，32.6光年の距離に置いて観測した場合の明るさ。32.6光年よりも近い星の絶対等級は，実視等級よりも大きく（暗く）なり，反対に，遠い星の絶対等級は実視等級よりも小さく（明るく）なる。

私たちの
天の川銀河

協力　坂井伸行／中西裕之

協力・監修　縣 秀彦／渡部潤一

　私たちのすむ地球（太陽系）は，天の川銀河に属している。天の川銀河の中にいる私たちには，その姿を外から俯瞰することができない。しかし，さまざまな観測データを集めることで，渦を巻いた形状や棒状の中心構造など，その特徴的な詳細が明らかになりつつある。

2

天の川銀河……………… 054

天の川………………… 056

天の川銀河研究の夜明け
①〜③………………… 058

Column

太陽系の天体………… 064

天の川銀河の疑問
「腕」…………………… 066

天の川銀河の疑問
「円盤状」……………… 068

天の川銀河の疑問
「棒状構造」…………… 070

真の姿が明らかになる日… 072

天の川銀河で発見された
「ペバトロン」………… 076

太陽系が属する天体の集団「天の川銀河」

　太陽系が属する天体の集団のことを「天の川銀河（銀河系）」という。天の川銀河の総質量は，太陽の質量のおよそ1000億倍である。直径は10万光年※で，この中に数千億個の恒星が存在すると考えられている（太陽はその一つ）。

　天の川銀河のバルジには，100億歳以上の古い星が集まっている。一方，非常に若い星と，星の材料となるガスが集中している渦状腕があるのが銀河円盤である。銀河円盤は，中心軸のまわりを高速で回転している。また，天の川銀河を取りかこむハローには，古い星からなる球状星団が多くみられ，直径15万光年の範囲に散在している。

天の川銀河の端に位置する太陽

　太陽系は天の川銀河の中心から約2万8000±3000光年離れた場所，より具体的には，渦状腕の一つである「オリオン腕」に位置している。最新の研究結果では，太陽は銀河円盤を横から見た「銀河面」に対して90光年ほど北側にあり，また太陽系の"公転面"は，銀河面に対して約60°傾いているといわれている。

　太陽系は銀河面を上下しながら，約2億年という長い年月をかけて，天の川銀河を一周していると考えられている。

※：中心部の厚みは1万5000光年。一方，太陽付近（端のほう）の厚みは，2000光年ほどと推定されている。

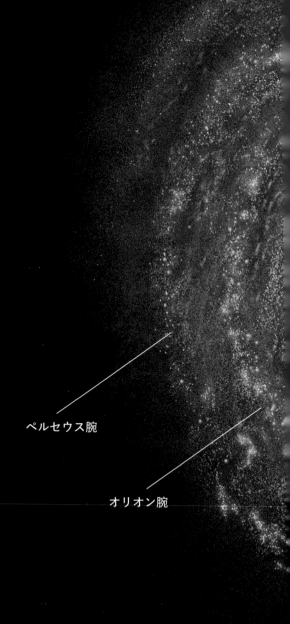

ペルセウス腕

オリオン腕

天の川銀河（→）

真上から見た，天の川銀河の想像図をえがいた。天の川銀河の円盤には，大きな5本の腕のほか，中心の棒状構造に沿って「近3千パーセク腕」と「遠3千パーセク腕」という2本の短い腕が存在すると考えられている。近3千パーセク腕の存在は1950年代から指摘されており，遠3千パーセク腕は2008年に報告された。

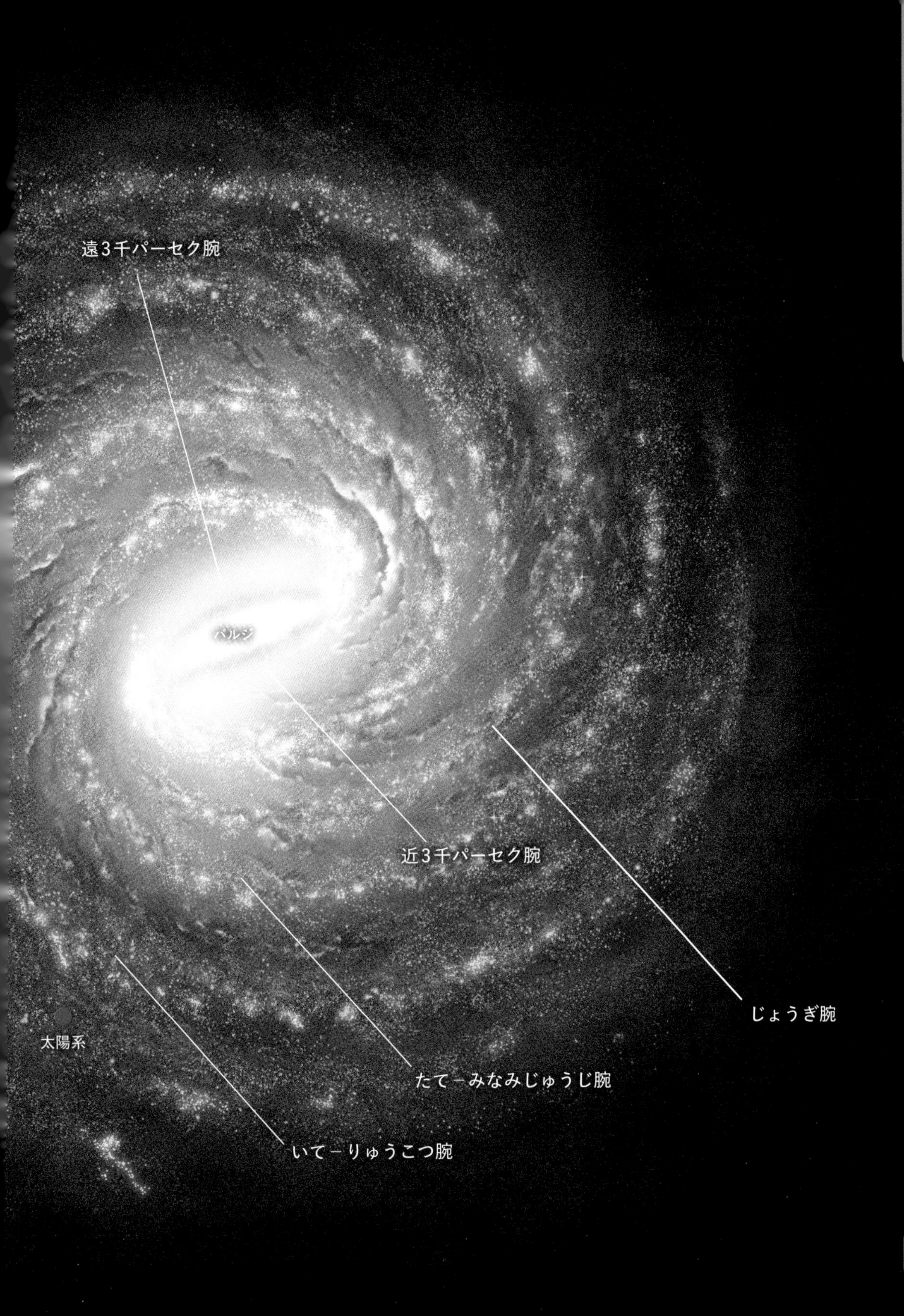

遠3千パーセク腕

バルジ

近3千パーセク腕

じょうぎ腕

太陽系

たて－みなみじゅうじ腕

いて－りゅうこつ腕

天の川は, 私たちのすむ銀河を 内側から見通した姿

人工光がより少なかった時代において, 夜空に横たわる天の川は今よりも大きな存在感があったことだろう。

天の川は昔から人々の興味をかきたてる, とても不思議な存在だった。東アジアでは「川」に見立てられ, 西洋では大神ゼウスの妻「ヘラ」の乳が夜空にほとばしり出たものだというギリシャ神話から, 「ミルキー・ウェイ（乳の道）」とよばれてきた。

「天の川の正体は何か」という問いにはじめて科学的な答えをあたえたのは, イタリアの天文学者ガリレオ・ガリレイ（1564 〜 1642）である。1609年, ガリレオは発明されたばかりの望遠鏡を使い, ぼんやりと輝く天の川が無数の星の集団であることを突き止めた。その後さまざまな観測が重ねられ, 天の川の詳細な構造がしだいに明らかになっていった。

地球にすむ私たちは, 天の川銀河を内部から（真横から）見ているので, 天の川はひとつづきにつながってみえる。この帯のうち"濃く広がっている部分"がいて座の方向で, バルジ方向にあたる。

帯の中央は黒く, すき間が開いているようにみえるが, 星がないわけではない。濃いちりが, 奥からやってくる光をさえぎるために, 暗くみえているのだ。

アンドロメダ銀河

地球から見た
天の川銀河 (→)

可視光で見た天の川。複数の画像をつないでおり, 全天を一周する天の川がすべて撮影されている（左端と右端はつながる）。画像中央の, 天の川銀河中心の方向が最も明るい。

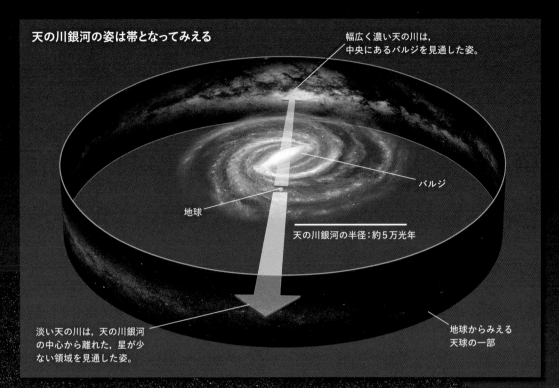

天の川銀河の姿は帯となってみえる

幅広く濃い天の川は,
中央にあるバルジを見通した姿。

バルジ

地球

天の川銀河の半径:約5万光年

淡い天の川は,天の川銀河
の中心から離れた,星が少
ない領域を見通した姿。

地球からみえる
天球の一部

大マゼラン雲

"宇宙"の形を推定したハーシェル

　「星の世界はどのような形に広がっているのか」という疑問に対して，はじめて科学的な調査が行われたのは，18世紀後半のことである。

　当時は「天の川銀河」という概念が存在せず，夜空にみえる天体が宇宙のすべてだった。天王星の発見者としても知られるイギリスのウィリアム・ハーシェル（1738 ～ 1822）は，みずから開発・製作した当時最高クラスの望遠鏡で，さまざまな方向の星の数を数えた。星までの距離を計測する方法はまだ存在しなかったため，ハーシェルは一定面積あたりの星が多いか少ないかによって，その方向の奥行きを推定しようとした。

　ハーシェルが683の領域を調査した[※]ところ，"宇宙"（＝天の川銀河）はやや厚めの円盤状の形をしているという結論が得られた。天の川の方向は星がたくさんみえるため，より奥行きがあるという結果になったのである。

　その後，20世紀初頭までに，渦巻模様をもつ天体が多数発見されるようになった。これは，天の川銀河の外にあるほかの銀河なのだが，当時はその正体がわからなかった。なぜなら，これらの天体までの距離をはかる方法がなかったからである。このため，渦巻模様の天体は"宇宙"（天の川銀河）の中の天体だとする説と，"宇宙"からはるか彼方の天体だとする説との間で論争となった。

※：星の光が届く一部の範囲に限られた。

　　　ハーシェルの測定方法（→）

　ハーシェルは，星の数から"宇宙"（天の川銀河）の形を推定した。その際，すべての星の真の明るさは等しいこと，星の分布にかたよりはなく平均的に散らばっていること，"宇宙"の端まで見通せていることを仮定している。ハーシェル自身，この仮定が厳密には成り立たないことには気づいていたが，当時の技術や知識では解決できない問題だった。

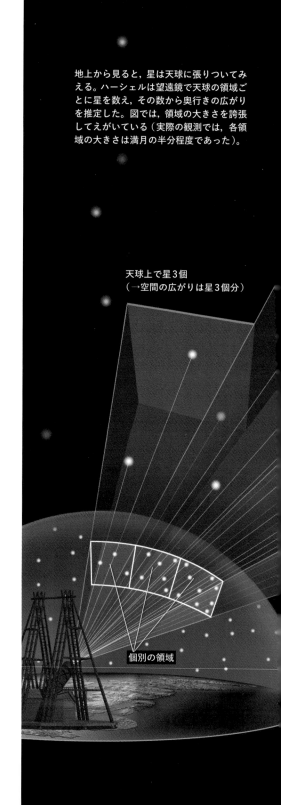

地上から見ると，星は天球に張りついてみえる。ハーシェルは望遠鏡で天球の領域ごとに星を数え，その数から奥行きの広がりを推定した。図では，領域の大きさを誇張してえがいている（実際の観測では，各領域の大きさは満月の半分程度であった）。

天球上で星3個
（→空間の広がりは星3個分）

個別の領域

天球上で星9個
（→空間の広がりは星9個分）

天球上で星6個
（→空間の広がりは星6個分）

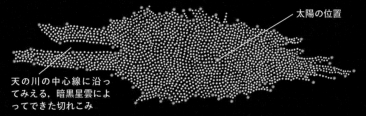

ハーシェルが考えた"宇宙"の断面図

太陽の位置

天の川の中心線に沿っ
てみえる，暗黒星雲に
よってできた切れこみ

ハーシェルが考えた"宇宙"（天の川銀河）の，太陽の位置を通るように切った断面図をえがいた。ハーシェルの見積もりでは，太陽は天の川銀河のほぼ中心にあることになっている。これは望遠鏡の性能の問題もあるが，可視光ではちりやガスの吸収の影響によって観測できる範囲が限られていることに関係している。ちなみに，ちりがとくにたくさん集まった「暗黒星雲」の部分は星が見えにくく，不自然な「切れこみ」ができている。

宇宙は天の川銀河の外に広がっていることが明らかになった

惑星が太陽のまわりを公転していると考える地動説は，17世紀の終盤までには徐々に定着していった。一方，太陽系より外側は，恒星が散りばめられた世界と考えられていた。恒星界の広がりと形は20世紀はじめまでにおぼろげにはわかっていたが，天の川銀河や銀河といった

（←）大マゼラン雲

地球から約16万光年離れたところにある小さな銀河。南半球の夜空で，満月の20倍の面積にみえる。

概念は，まだ存在しなかった。ところが，夜空には恒星とは明らかにことなる「星雲」がみえる。恒星は輝く点にしかみえないが，星雲はぼんやりと雲のように広がっている。

1920年，のちに「天文学の大論争」とよばれる討論が，アメリカ国立科学院の年会で行われた。星雲が私たちの恒星の集団（天の川銀河）の中にある天体なのか，それとも遠く離れた天体なのか。言いかえれば「宇宙はどこまで広がっているのか」についてである。

1924年，この大論争に決着をつけたのがハッブルである（40ページ参照）。ハッブルはアンドロメダ星雲の中にある「セファイド」という天体を観測し，その距離を求めた。その結果「約90万光年※」となり，当時考えられていた天の川銀河の大きさをはるかにこえていたことが判明したのである。

※：現在ではアンドロメダ銀河のまで距離は，約250万光年とされている。

（←）天の川銀河

アンドロメダ銀河
250万光年離れており，北半球では肉眼でもかすかに見ることができる。

（←）小マゼラン雲
地球から約20万光年離れたところにある，小さな銀河。

セファイドと
天の川銀河の"外"

「セファイド」とは，変光星（周期的に明るさが変化する恒星）の一種である※。「ケフェウス座デルタ星」に代表され，変光の幅は，青色の波長域で1等級前後だ。なお，星自体が膨張と収縮をくりかえす（脈動する）ことが，変光の原因と考えられている。

変光星のなかでも，**セファイドは明るさと変光周期に特別な関係があり，変光の周期が長ければ長いほど，明るさが平均的に明るいことがわかっている。**

このこと（変光周期と星の明るさが関係していること）は，1908年にヘンリエッタ・スワン・リービット（1868〜1921）が，小マゼラン雲の中にある25個のセファイドを観測して発見した。

のちにこの性質を利用して，セファイドでは，変光周期から絶対等級（51ページ参照）が求められることが明らかになった。絶対等級と実視等級とを比較すれば，星までの距離を計算することができる。こうして遠くの銀河や球状星団の距離も，そこに含まれるセファイドを使って計算できるようになったのである。

1924年，ハッブルは宇宙が天の川銀河の外に広がっており，同じような銀河がたくさんあることを明らかにした。この瞬間から，人類が知る宇宙の大きさは，何倍にも広がっていくことになるのである。

※：セファイドは，数〜100日程度の周期で明るさが変化する。

距離と明るさの関係（→）

変光周期が同じで，かつ星本来の明るさ（絶対光度）が同じならば，見かけの明るさの明暗によって距離がわかる。たとえば同じ変光周期の二つの変光星があり，一方の星の見かけの明るさが100分の1なら，距離はもう一方の10倍遠いということだ。

ハッブルのセファイドの観測により，アンドロメダ星雲は，天の川銀河の外にある「アンドロメダ銀河」であることが明らかになった。こうして，天の川銀河が無数に存在する銀河の一つにすぎず，宇宙のすべてではないことが示されたのである。

アンドロメダ銀河（→）
（M31，NGC 224）
・距離250万光年
・直径22万〜26万光年
・渦巻銀河

NGC 598（M33）
・距離296万光年
・直径4万5000光年
・渦巻銀河

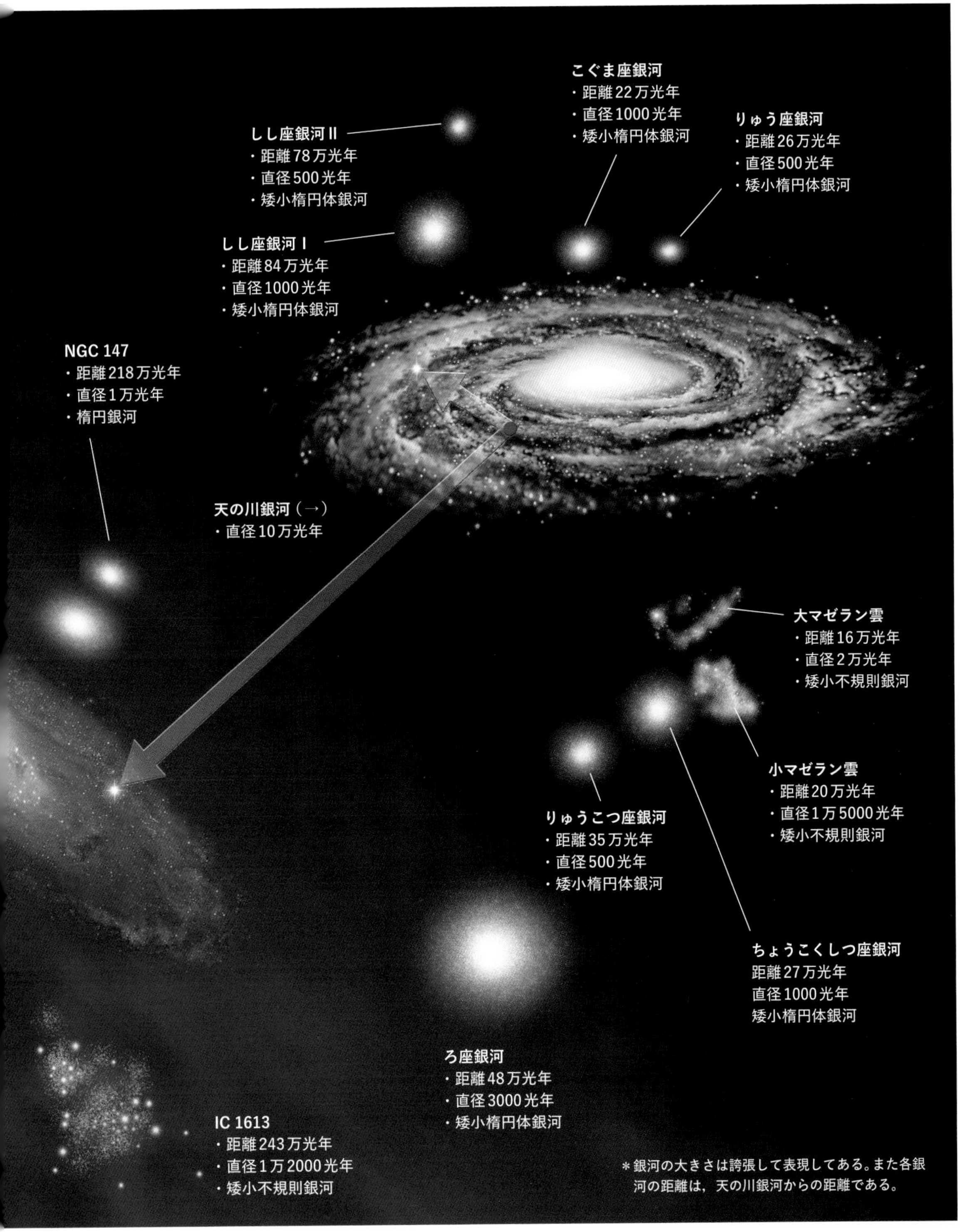

こぐま座銀河
・距離22万光年
・直径1000光年
・矮小楕円体銀河

しし座銀河II
・距離78万光年
・直径500光年
・矮小楕円体銀河

りゅう座銀河
・距離26万光年
・直径500光年
・矮小楕円体銀河

しし座銀河I
・距離84万光年
・直径1000光年
・矮小楕円体銀河

NGC 147
・距離218万光年
・直径1万光年
・楕円銀河

天の川銀河（→）
・直径10万光年

大マゼラン雲
・距離16万光年
・直径2万光年
・矮小不規則銀河

小マゼラン雲
・距離20万光年
・直径1万5000光年
・矮小不規則銀河

りゅうこつ座銀河
・距離35万光年
・直径500光年
・矮小楕円体銀河

ちょうこくしつ座銀河
距離27万光年
直径1000光年
矮小楕円体銀河

ろ座銀河
・距離48万光年
・直径3000光年
・矮小楕円体銀河

IC 1613
・距離243万光年
・直径1万2000光年
・矮小不規則銀河

＊銀河の大きさは誇張して表現してある。また各銀河の距離は，天の川銀河からの距離である。

天の川銀河の中にある太陽系は八つの惑星をもつ

太陽系とは，太陽や地球などの惑星，衛星，小惑星，彗星，太陽系外縁天体といった天体の集まりである。これらは，約46億年前に太陽が誕生するのとほぼ同時に，「原始太陽系円盤」とよばれるガスやちりの集まりからつくられたと考えられている。

太陽に比較的近い水星，金星，地球，火星は，中心に鉄などの金属の核をもつ「岩石惑星（地球型惑星）」である。その外側にある木星と土星は，大量の水素やヘリウムのガスをまとった「巨大ガス惑星（木星型惑星）」だ。さらにその外側の天王星と海王星は，氷を主成分とする「巨大氷惑星（天王星型惑星）」である。

惑星のタイプのちがいはできかたのちがい

太陽からの距離によっ

て，惑星にこうした個性が生じたのはなぜだろうか。どのタイプの惑星も，原始太陽系円盤のちり（固体成分）が集まってできた，直径数百キロメートルの「原始惑星」から生まれた。

太陽に比較的近い場所では，いくつかの原始惑星が衝突・合体して岩石惑星となった。一方，太陽から遠い場所では，原始太陽系円盤内の水が氷となって原始惑星に集まり，原始惑星はより大きく成長した。この原始惑星が円盤内の大量のガスを重力で引き寄せ，巨大ガス惑星を生んだというわけだ。

そしてさらに遠い場所では，原始惑星が多くのガスをまとう前に円盤のガスが消失し，氷の惑星が誕生したのである。

● 太陽のまわりをまわる太陽系の天体 （→）

太陽と，水星から土星までの惑星，小惑星帯をえがいた（惑星の大きさは誇張してある）。太陽系の天体は，太陽の重力に引かれながら，太陽のまわりを楕円運動している。

太陽から各惑星までの距離は，右のとおりである。さらに海王星より遠方には冥王星や，氷でできたもう一つの小惑星帯（エッジワース・カイパーベルト）があり，オールトの雲（くも）につながっている。

土星
周囲に大きなリングをもつ巨大ガス惑星。

木星
直径が地球の約11倍ある太陽系で最も大きい惑星。

太陽
太陽系の中心に位置し，みずから光を放つ恒星。

水星
太陽に最も近く，最も小さい惑星。

天の川

水星
金星
地球
火星
小惑星帯
木星
土星

太陽

1au　　　5au　　　10a

岩石惑星（地球型惑星）　　　巨大ガス惑星（木星型惑星

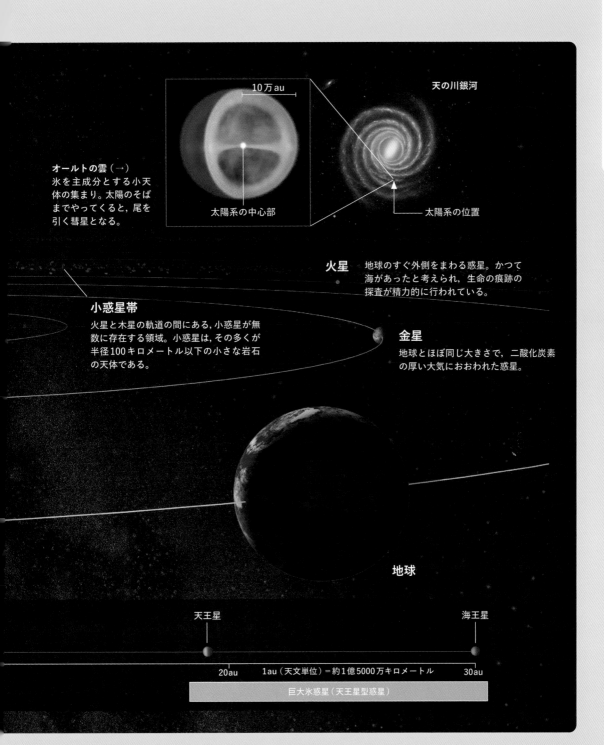

10万au

天の川銀河

オールトの雲（→）
氷を主成分とする小天
体の集まり。太陽のそば
までやってくると，尾を
引く彗星となる。

太陽系の中心部

太陽系の位置

火星　地球のすぐ外側をまわる惑星。かつて
海があったと考えられ，生命の痕跡の
探査が精力的に行われている。

小惑星帯
火星と木星の軌道の間にある，小惑星が無
数に存在する領域。小惑星は，その多くが
半径100キロメートル以下の小さな岩石
の天体である。

金星
地球とほぼ同じ大きさで，二酸化炭素
の厚い大気におおわれた惑星。

地球

天王星

海王星

20au　　1au（天文単位）＝約1億5000万キロメートル　　30au

巨大氷惑星（天王星型惑星）

なぜ天の川銀河に「腕」があるとわかるのか

　渦巻銀河（棒渦巻銀河）という表現やその見た目から,「腕」のことを銀河の中心に星が落ちこんでいく"流れ"だと思っている人もいるかもしれない。つまり, 中心に向けて風が吹きこむ台風のようなイメージだ。しかし, これは誤りである。渦巻銀河の星たちは回転運動（公転）こそしているものの, 一周すると基本的には同じ場所にもどってくる。

　渦巻銀河の円盤では, 星の材料となるガスが星と一緒に回転している。ただし, ガスは円盤に一様に分布しているわけではなく, **回転運動をしながら密度に波（濃淡の差）ができる。この波は, 渦巻状になりやすい。また, ガスの密度が高い場所では, 星が形成される。その結果, 腕は明るく輝くのだ。**このような銀河の腕の発生メカニズムを「密度波理論」とよぶ。

　このメカニズムによると, 腕はガス密度が高い部分に存在することになる。つまり, 円盤のどこにガスが集まっているかを調べることで, 天の川銀河に腕があることや, その位置までもがわかるのだ。

　ガスの密度を調べるには「ドップラー効果」を利用する。ドップラー効果とは, 運動している物体から出た音や光の波長が, 観測者から見た物体の運動の速度によって変化する現象である。たとえば緊急車両のサイレンの音が, 近づいてくるときは高い音程で聞こえ, 自分の前を通り過ぎた瞬間に低い音程となるのは, この現象のよく知られた例だ。ドップラー効果を分析することで, 運動している物体がどれくらいの速さで観測者に近づいてきている, あるいは遠ざかっているのかがわかるのである。

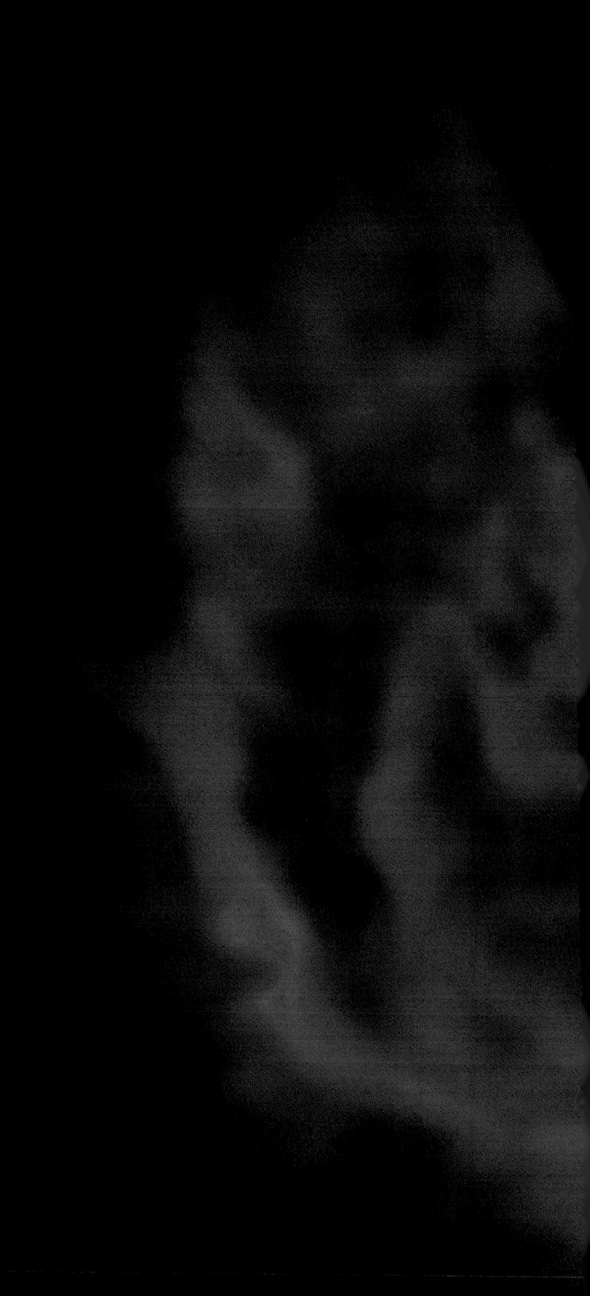

天の川銀河円盤の
ガス密度分布（→）

右図は, 鹿児島大学の中西裕之（なかにしひろゆき）准教授が測定した, 天の川銀河円盤のガスの密度の分布である。ピンク色が濃いところほど, ガスの密度が高いことを示している。

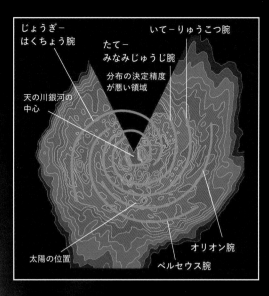

じょうぎ－
はくちょう腕

たて－
みなみじゅうじ腕

いて－りゅうこつ腕

分布の決定精度
が悪い領域

天の川銀河の
中心

オリオン腕

太陽の位置

ペルセウス腕

天の川銀河中心

太陽の位置

（↑）

天の川銀河の腕の位置の推定

腕の位置の推定は，ガスの密度分布に
加えて，腕の"巻きこみ具合"を数値化
した結果もあわせて行う。腕として明
るく輝く星は寿命が短く，燃えつきる
のが早い。このため，ガスの密度が高
い部分が移動して星の形成領域が移り
かわるにつれて，腕の位置も移動する
（星の形成領域の移動と，星やガスその
ものの回転運動は一致していない）。ま
た，腕と腕の間には星がないように思
われがちだが，腕の部分にくらべて明
るい星が少ないだけで，実際にはたく
さんの星がある。

天の川銀河は
本当に円盤状なのだろうか

天の川銀河は，はたして本当に円盤状なのだろうか。

天の川が細い帯のようにみえることから，天の川銀河が少なくとも平らな形であることは想像がつく。また，ハッブルによって銀河や天の川銀河という概念が確立されて間もない1927年，オランダの天文学者ヤン・オールト（1900～1992）は，天の川銀河が回転しているらしいことを確かめている（太陽近傍の恒星の運動を測定した）。

天の川銀河という，星が集まってできた"変形可能な板"が回転運動をしているというのなら，やはりそれは円盤状なのだろう。ほかの銀河からの類推もある。

さて，天の川銀河を構成するガスは通常の光（可視光）ではあまり見えないが，電波ではよく見える。電波でガスを観測して分析すると，ガスの運動についてのデータが得られる（ドップラー効果，右ページA）。このデータと，ガスが円盤状に分布し回転運動をしていると仮定した場合のモデルが合致する。これは，1950年代に電波による観測が本格化して以降わかってきたことだ。このことが，天の川銀河が円盤状であるという考えを決定的なものとした。

直径などの数値に
確証は得られていない

次に，天の川銀河の大きさについて考えてみよう。「直径10万光年」とされているが，正確に測定されたわけではない。

地球から天の川銀河中心までの距離と，地球から天の川銀河中心とは反対の端までの距離を足せば，天の川銀河の半径が得られ，その値を倍にすれば直径となる。しかし，地球から天の川銀河中心とは反対の端までの距離は確定しているわけではないため，さらなる調査が必要だ。

なお，前節に登場した中西准教授によれば，「近年，天の川銀河の中心から5万光年以上の距離にも星が見つかっており，厳密にいうと天の川銀河の直径は10万光年以上です。とはいえ，大部分の星は直径10万光年内に存在するので，目安として直径10万光年と考えるのがよいでしょう」とのことだ。

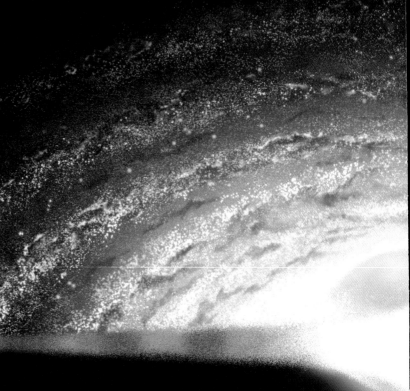

天の川銀河の断面図

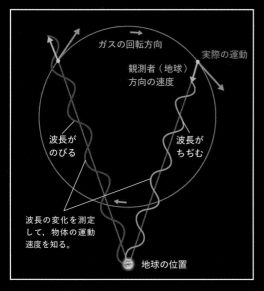

A. ドップラー効果

ドップラー効果を分析することで，運動している物体がどれくらいの速さで観測者（上図の場合は地球）に近づいてきているのか，あるいは遠ざかっているのかがわかる。ただし，ここでわかるのは，あくまでも観測者方向の速度だけだ。また，実際には地球の運動も考慮に入れて，ドップラー効果を分析する。

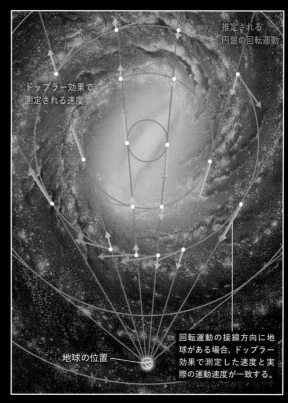

B. 天の川銀河円盤のガスの運動とドップラー効果

上は，天の川銀河の円盤のガスの運動を，ドップラー効果で測定した場合の概念図。円盤の回転速度は，円盤の内側から外側までおおむね一定と考えられており，このモデルとドップラー効果の観測結果が合致する。

　オレンジ色とピンク色の矢印が重なっているところは「回転運動の接線方向に地球がある場合」で，ドップラー効果で測定した速度と実際の運動速度が一致する。この値から，天の川銀河円盤の回転速度は，円盤の広い範囲でおおむね「毎秒220キロメートル程度」と求められている。

天の川銀河の中心に "棒" はあるのか

1970年代に，真鍋盛二国立天文台名誉教授と宮本昌典国立天文台名誉教授は，天の川銀河の回転運動の解析から，天の川銀河の中心部に棒状構造があるのではないかと指摘していた。しかし，途中のちりやガスがあまりに多く，通常の光（可視光）では天の川銀河の中心部を見ることができないため，棒状構造に関する研究はなかなか進まなかった。

この状況が大きくかわったのは，1980年代からだ。赤外線観測により，天の川銀河の中心領域が見通せるようになったのだ。東京大学中田好一名誉教授は，棒状構造が存在する証拠を発見した。「赤外線で明るく輝く星」の位置を天の川銀河の中心方向で調べてみると，天の川銀河の中心を境に，星の分布にかたよりがあったのだ。地球から見て"中心"の左側に明るくみえる星が多かったという。

これは，"中心"付近の星が棒状に集まり，棒の一方は地球から見て左手前の方向にのび，も

う一方はその反対側（右手奥）へのびていると解釈するのが最も自然と考えられた。棒の左手前側は地球に近いため，明るくみえるのだ。

名古屋大学の佐藤修二名誉教授らが南アフリカに建設した1.4メートル赤外望遠鏡を用いて，宮城教育大学の西山正吾准教授は2005年に，棒状構造の内側に第二の棒状構造が埋もれ

ていることを発見した。東京大学の松永典之助教は同じ望遠鏡を使い，変光星を用いて棒状構造をくわしく調べている。

棒状構造の形状に関しては，2013年12月にESA（ヨーロッ

天の川銀河中心の棒状構造

天の川銀河中心の棒状構造は，銀河円盤から盛り上がるように星が集まることでつくられている。

パ宇宙機関）が打ち上げた衛星「ガイア」による膨大な観測データを用いた研究が，さかんに進められている。また，ドイツのマックスプランク研究所を中心とする研究グループは，棒状構造の星の運動を調べた結果，棒状構造は約2億年の周期で回転していることを発表している。

さらに，UCL（ロンドン大学）とオックスフォード大学などからなる研究グループによると，その回転速度は，棒状構造の形成時より遅くなっている可能性があるという。

棒状構造の存在を支持する根拠

右は中田名誉教授が観測した，天の川銀河中心付近の「赤外線で明るく輝く星」の分布である。天の川銀河の中心（赤線の交点）を境に，左側に星が多いことがわかる。これは，図中に示したような棒状構造があり，左側がより地球に近いため，そこの場所の星が明るくみえていると考えれば説明がつく。

ほかにも，中心付近のガスや星の運動や，赤い星が出す「近赤外線」で明るく輝いている領域の形状など，棒状構造があることを示す根拠が報告されている。

棒状構造の長さや地球に対する角度などは，これらの観測結果から幾何学的に推定される。このため，星までの距離を正確に求めることが重要となる。

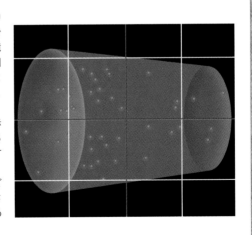

精密な地図づくりが真の姿を明らかにする

現在，天の川銀河は棒渦巻銀河だと考えられている。しかしその細かい構造は，いまだに判明していない。

天の川銀河の真の姿を明らかにするために，近年，天の川銀河内の「天体までの距離測定」が行われている。すなわち，地球から天の川銀河内にある恒星やガス雲までの距離を正確にはかり，それらの位置情報をもとにした，精密な天の川銀河の3Dマップをつくるのだ。

天の川銀河にある天体の距離を正確にはかるには，非常に小さな「年周視差」を測定できればよい（右ページA）。

年周視差の測定を可能にする観測方法の一つが，「VLBI」（Very Long Baseline Interferometry：超長基線干渉法）である。VLBI観測では，強力な電波を発している「メーザー天体」を地上の電波望遠鏡でとらえ，天体までの距離をはかる。

国立天文台には，日本各地に設置された4台の電波望遠鏡を使って，高性能なVLBI観測を行う「VERA」というプロジェクトがある。VERAでは，10万分の1秒角という精度※で年周視差の測定が可能で，最大で約3万光年の距離測定を行うことができる。

VERAとアメリカの観測チームは，天の川銀河の腕にある200以上のガス雲の距離を測定した。このガス雲は，重い星の誕生現場であり「大質量星形成領域」とよばれる。

2013年と2016年，観測チームは，それまで考えられてきた天の川銀河の姿に，疑問を投げかける結果を発表した。太陽系が位置する「オリオン腕」の近隣の腕に属すると思われていた数十個のガス雲の位置を測定したところ，それらが実は，オリオン腕のものであることがわかったのである。

オリオン腕はそれまで，腕の"格下"の「弧」と位置づけられてきた。しかし観測されたガス雲がオリオン腕のものとわかったことで，腕の長さは「2万光年以上」と，これまでの推定より4倍以上長いことが判明したのだ。

また，大質量星形成領域の密度が腕に匹敵するほど大きく，巻きこみ具合も腕と同程度であることもわかった。つまりオリオン腕は，晴れて「大きな腕」の仲間入りをする可能性が出てきたのである。

さらには，オリオン腕から枝分かれし，いて－りゅうこつ腕との間を橋渡しする短い弧も発見された（74ページBの赤丸）。

はっきりした枝分かれ構造が発見されたのは，このときがはじめてだったという。ガイア衛星（後述）の観測でも，いて－りゅうこつ腕に"とげ"のような構造があることもわかっており，天の川銀河の構造や，構造形成にかかわる歴史・進化の理解が，今後大きく修正される可能性がある。

10億個以上の恒星の距離をはかる

ガス雲とあわせて，恒星の距離の測定も世界中で進められている。2013年，地球の大気に邪魔されない宇宙空間で，年周視差を利用して天体の距離をはかる，位置天文衛星「ガイア」がESAにより打ち上げられた。ガイア衛星は，天の川銀河全体の恒星の約1％にあたる10億個以上の恒星の距離と動きを測定する。

ガイア衛星は数年間かけて，同じ恒星を1年に8回程度撮影し，それぞれの恒星の動きの軌跡を得る。恒星の天球面上での軌跡は，「固有運動」（一般的には直線運動）と，地球の公転にともなう1年周期の見かけの楕円運動（右ページ図・上）の組み合わせで，一般的にはらせん運動となる。つまり，軌跡を調べれば楕円運動の大きさから年

※：1秒角は3600分の1度。東京駅から見た，富士山頂に立つ人の髪の毛の10分の1の大きさに相当する角度。

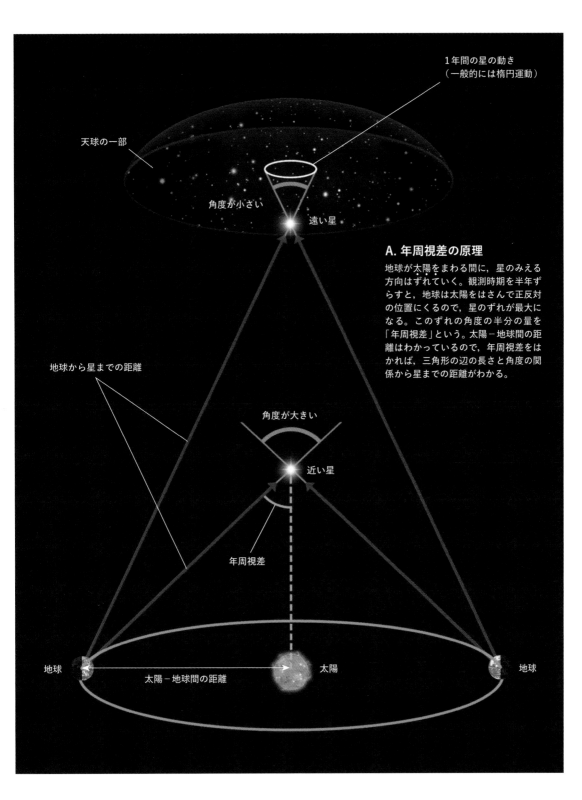

1年間の星の動き
（一般的には楕円運動）

天球の一部

角度が小さい

遠い星

A. 年周視差の原理

地球が太陽をまわる間に，星のみえる方向はずれていく。観測時期を半年ずらすと，地球は太陽をはさんで正反対の位置にくるので，星のずれが最大になる。このずれの角度の半分の量を「年周視差」という。太陽−地球間の距離はわかっているので，年周視差をはかれば，三角形の辺の長さと角度の関係から星までの距離がわかる。

地球から星までの距離

角度が大きい

近い星

年周視差

地球

太陽−地球間の距離

太陽

地球

周視差，すなわち地球から恒星までの距離がわかり，直線運動の大きさから固有運動がわかるのである。

この方法により，ガイア衛星は約5年の歳月をかけて，最終的に20等級程度より明るい恒星の距離と運動を測定できる。とくに，14〜15等級より明るく3等級より暗い恒星で，10万分の1秒角程度の年周視差の精度が見こまれるという。

2016年9月，1回目の経過報告として，11億4200万個の恒星について，方向と見かけの等級に関するデータが公開された。そのうち，ESAが打ち上げた前身の位置天文衛星「ヒッパルコス」の時代から観測されていた200万個については，恒星の軌跡のつづきを追え，距離と

固有運動を比較的精度よく求められた。

2018年4月には，2回目のデータ公開が行われた。このときは，1回目よりも測定精度が向上した距離と固有運動の情報が公開された。2022年6月に行われた3回目のデータ公開（DR3）では，より詳細なデータが示されている。

恒星の距離測定は"見えないもの"も見せる

より正確に，より多くの天体の距離を測定するため，新たな位置天文衛星の打ち上げも計画されている。日本では，ちりの多い天の川銀河の中心を，ちりを透過してくる赤外線によって測定する「小型ジャスミン（Small-JASMINE）」と，それに

先立つ，質量35キログラムほどの超小型衛星「ナノジャスミン（Nano-JASMINE）」が国立天文台を中心に検討・開発されている。ナノジャスミンはすでに完成しており，打ち上げの機会を待っている状態である。また小型ジャスミンは，2028年の打ち上げを目標に準備が進められている。

位置天文衛星の役割は，天の川銀河の地図をつくってその姿を明らかにするだけにとどまらない。ジャスミン計画を主導する国立天文台の郷田直輝博士によれば，長期間恒星を観測していると，予測されるらせん運動からずれた動きが見えることがあり，そこから，その恒星をまわる惑星や，連星系をなす恒星など，見えなかったものを発見

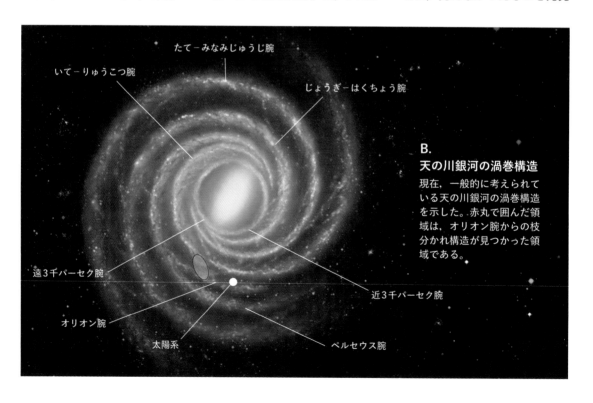

B.
天の川銀河の渦巻構造
現在，一般的に考えられている天の川銀河の渦巻構造を示した。赤丸で囲んだ領域は，オリオン腕からの枝分かれ構造が見つかった領域である。

できることがある。

　また，恒星の分布や運動は，光（電磁波）では観測できないダークマターの影響を受けているため，そこからダークマターの分布も推測できる。さらには，天の川銀河と別の銀河の衝突，バルジや渦巻の形成過程といった過去の出来事を知る痕跡を見つけることもできるという。

ガイア衛星がとらえた18億個以上の星のデータを用いて作成された，天の川銀河の地図。

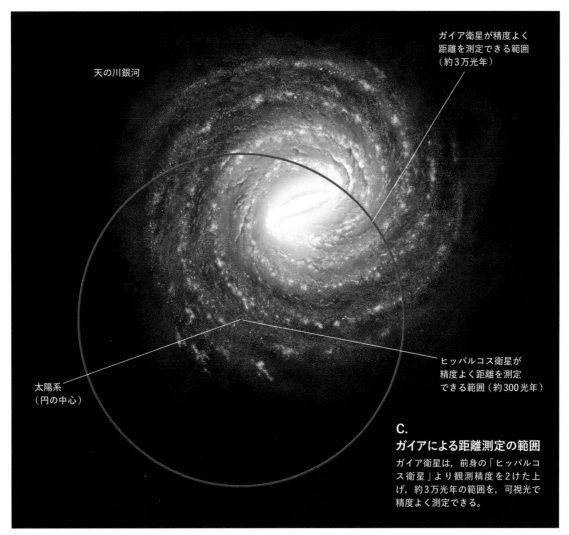

天の川銀河

ガイア衛星が精度よく
距離を測定できる範囲
（約3万光年）

ヒッパルコス衛星が
精度よく距離を測定
できる範囲（約300光年）

太陽系
（円の中心）

C.
ガイアによる距離測定の範囲

ガイア衛星は，前身の「ヒッパルコス衛星」より観測精度を2けた上げ，約3万光年の範囲を，可視光で精度よく測定できる。

宇宙最強の“天然の加速器”
「ペバトロン」を天の川銀河で発見

地球を周回する宇宙ステーションなどにいる宇宙飛行士は，私たちがふだん自然に被曝する放射線量の約半年分を，わずか1日で被曝する。これは，宇宙空間に「宇宙線」とよばれる放射線が飛びかっているためだ。

地球周辺の宇宙線は主に，太陽から飛んでくるものと，太陽系外から飛んでくる「銀河宇宙線」に分かれる。

銀河宇宙線の成分は約9割が陽子（水素の原子核）で，残りはヘリウム・炭素・鉄などの原子核だ。これらの粒子は光速近くまで加速されており，そのエネルギーは最大で10^{20}eV（電子ボルト[1]）にもなる。これは，世界最大の粒子加速器「LHC」で加速された陽子よりさらに1億倍も高いエネルギーである。

これほど高エネルギーの宇宙線が，どこでどのようにつくられているのかは判明していない。宇宙線は電荷をもつ粒子であり，宇宙空間に磁場があると進路を曲げられてしまうため，飛んできた方角を調べても発生源がわからないのだ。

私たちの銀河の中に「ペバトロン」があった

今のところ，エネルギーが約10^{15}eV（＝1ペタ電子ボルト，1PeV）より低い宇宙線は，天の川銀河の中の超新星残骸などで加速されていると考えられているが，1PeVより高エネルギーの宇宙線の発生源は今も不明である。この正体不明の発生源は，PeV以上の宇宙線を生みだす“天然の加速器”という意味で，「ペバトロン」とよばれている。

2021年，東京大学宇宙線研究所や中国などの国際研究チームは，チベットに建設した観測装置を使い，ペバトロンで発生した宇宙線から二次的に生みだされた高エネルギーのガンマ線を検出することにはじめて成功した[2]。可視光と同じ電磁波の一種である「ガンマ線」は，磁場で曲げられないので，飛んできた方角がそのまま発生場所になる。こうしてわかったペバトロンの位置は，天の川銀河の中だったのだ。

ただし，すでに知られているガンマ線源である「パルサー」（重い星が死をむかえた後に残る，高速回転する中性子星）や超新星残骸などの位置とはちがっているため，その正体は今後も追究が必要である。

※1：エネルギーの単位で，電子1個を1Vの電圧で加速したときに電子が得るエネルギーが「1eV」である。可視光線の光子（こうし）1個のエネルギーや，燃焼などの普通の化学反応でやり取りされるエネルギーが，1分子あたり数eVの規模になる。
※2：M, Amenomori et al.（Tibet AS γ Collaboration）., Phys. Rev. Lett, 126, 141101

天の川から強烈なガンマ線が降り注ぐ

中国のチベット自治区に建設された空気シャワー観測装置と，天の川銀河の画像を合成した画像。天の川銀河の中でひときわ輝いているオレンジ色の光は，高エネルギーのガンマ線が放射されているようすをあらわしている。

←ミュー粒子の軌跡

「空気シャワー」によって
生まれた粒子が観測された

上の画像は，宇宙から飛来したガンマ線が地球の大気中で「空気シャワー」という現象をおこすようすをシミュレーションしたものだ。画像下側は地上付近での拡大図で，青い線は空気シャワーによって生まれた「ミュー粒子」という素粒子（そりゅうし）の軌跡をあらわしている。

宇宙からは，高エネルギーの宇宙線や，宇宙線によって二次的に生成された高エネルギーのガンマ線などが飛来している。地球にやってきた宇宙線やガンマ線は大気中の窒素原子核などと衝突し，さまざまな種類の高エネルギー粒子を生みだす。生まれた粒子は崩壊したりほかの大気の原子核と衝突したりして，さらに膨大な数の粒子が生まれる。この現象が「空気シャワー」である。今回の観測では，ガンマ線の空気シャワーによって生まれたミュー粒子を観測することで，元のガンマ線のエネルギーと方向を決定した。

3 章

天の川銀河 3Dマップ

協力　松永典之
監修　縣 秀彦

　夜空にみえる天体は，どれも地球から同じくらい離れているように感じられるが，実際はそうではない。本章では，天の川銀河内の天体や近隣の銀河の分布，および天の川銀河の構造を，3次元的な視点でみていくことにしよう。

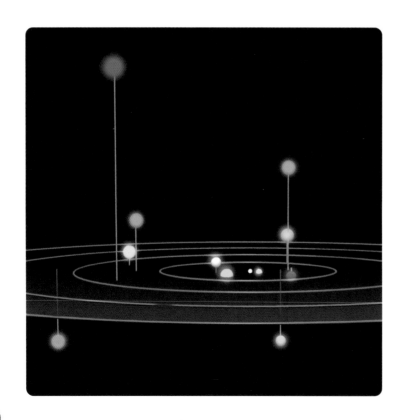

3

肉眼で見える天の川銀河の星
…………………………… 080

黄道十二星座………… 082

変化する星座 ………… 084

太陽に最も近い恒星 … 086

地球から100光年の宇宙
…………………………… 088

地球から5000光年の宇宙
…………………………… 090

天の川銀河の腕……… 092

天の川銀河の断面…… 094

天の川銀河はたわんでいる?
…………………………… 096

肉眼では1000万分の1程度の星しか見えない

　地球にいる私たちは，広大な天の川銀河をどのあたりまで見渡すことができるのだろうか。

　人が肉眼で見られる星，つまり6等星より明るい恒星は，夜空に約8500個ある。これに対し，天の川銀河にある恒星は数千億個である。つまり，私たちは天の川銀河にある星の，約1000万〜数千万分の1しか見えていないということだ。

　では，肉眼で見られる星は，どのように散らばっているのだろうか。実は右図※のように，天の川に沿って扁平な領域に分布している。これは，天の川銀河円盤に垂直な方向よりも，水平な方向に星がたくさん存在するためだ。また，天の川銀河では，中心に近いほど星が多く存在することにもよる。

　なお，この領域より遠い距離にあっても，とてつもなく明るい星は，6等星より明るくなることもある。たとえば1.2等星の「はくちょう座α星デネブ」である。1等星クラスの星の中で太陽から最も離れており，その距離は約1400光年である。

　※：国立天文台，辻本拓司（つじもとたくじ）博士提供の資料にもとづいて作成した。

北極星
地球の自転軸は現在，北極星の方向をさしている。

太陽から約130パーセク
（約420光年）

（↓）上から見た天の川銀河

バルジ

ペルセウス腕

オリオン腕

いて−りゅうこつ腕

銀河面

バルジ

横から見た天の川銀河

6等星より明るい星が見える範囲

　右の二つの図は，上段の図で示した6等星より明るい星が存在する領域を，天の川銀河に重ねあわせたものだ。この領域は，天の川銀河中心方向に約1000光年，反対方向に約420光年，銀河面に対して垂直方向に260光年程度である。直径10万光年とされる天の川銀河のごく一部にすぎないことが，おわかりいただけるだろう。

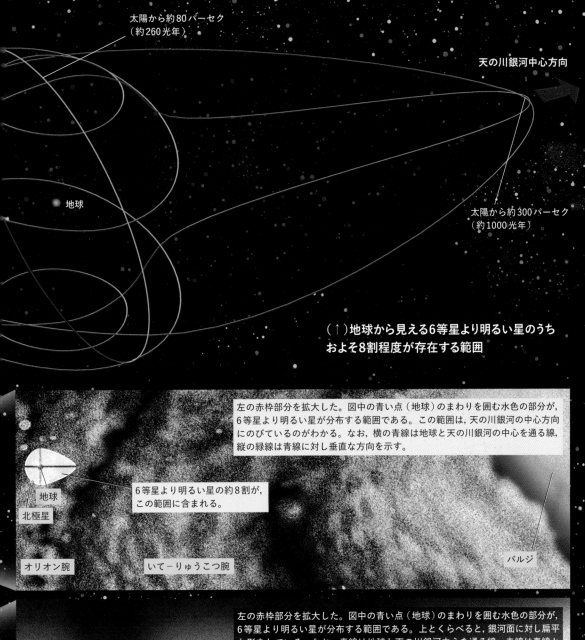

太陽から約80パーセク
（約260光年）

天の川銀河中心方向

地球

太陽から約300パーセク
（約1000光年）

（↑）地球から見える6等星より明るい星のうち
およそ8割程度が存在する範囲

左の赤枠部分を拡大した。図中の青い点（地球）のまわりを囲む水色の部分が，
6等星より明るい星が分布する範囲である。この範囲は，天の川銀河の中心方向
にのびているのがわかる。なお，横の青線は地球と天の川銀河の中心を通る線，
縦の緑線は青線に対し垂直な方向を示す。

地球

北極星

6等星より明るい星の約8割が，
この範囲に含まれる。

オリオン腕　　　　　　　いて－りゅうこつ腕

バルジ

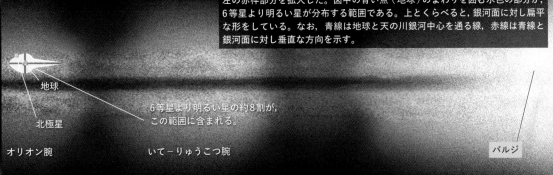

左の赤枠部分を拡大した。図中の青い点（地球）のまわりを囲む水色の部分が，
6等星より明るい星が分布する範囲である。上とくらべると，銀河面に対し扁平
な形をしている。なお，青線は地球と天の川銀河中心を通る線，赤線は青線と
銀河面に対し垂直な方向を示す。

地球

北極星

6等星より明るい星の約8割が，
この範囲に含まれる。

オリオン腕　　　　　　　いて－りゅうこつ腕

バルジ

「黄道十二星座」の星は地球からどれくらいの距離にあるのか

全天を88の領域に分けている星座のうち、黄道（天球上の太陽の通り道）上にある12の星座が、占星術などに登場する「黄道十二星座」である。

下図は中心を地球とし、地球から約200光年の天球をスクリーンのようにえがいた、黄道十二星座の3Dマップである（天球面を外側から見た状態であるため、手前側のスクリーンには、通常とは左右逆の形で星座を示した）。各星座を構成する星々はそれぞれことなる距離にあり、ある星はスクリーンよ

・天球上にある白い点は、「地球から見た見かけの星の位置」。
・色のついた点は、「地球からの実際の距離であらわした星の位置」（星座ごとに色分けした）。

おうし座 Taurus
赤経4h30m　赤緯＋18°
α星はアルデバラン。角の部分は、ヒアデス星団である。アルデバランは、おうし座の中では、地球のかなり近くに位置している。

ふたご座 Gemini
赤経7h00m　赤緯＋22°
α星※のカストルとβ星のポルックスが双子の頭となっている。これはともに、200光年より近い距離に位置している。

※：主に、その星座の中で最も明るい星のこと。ただし例外もあり、ふたご座の場合は、α星のカストルよりもβ星のポルックスのほうが明るい。

かに座 Cancer
赤経8h30m　赤緯＋20°
カニの足を構成する一つの星だけが200光年よりも遠くに位置している。

しし座 Leo
赤経10h30m　赤緯＋15°
α星は、心臓の位置にあるレグルス。しし座を構成する星のうち、尾の部分の星が最も地球に近い。

おとめ座 Virgo
赤経13h20m　赤緯-2°
おとめ座の左手に位置するα星スピカは、太陽から約250光年に位置する。

てんびん座 Libra
赤経15h10m　赤緯-14°
右の皿を構成する星が最も遠くに位置している。

おうし座
カストル
ポルックス
ふたご座
アルデバラン
かに座
レグルス
しし座
おとめ座
スピカ

凡例（星座図）
● 1等星
● 2等星
● 3等星
・ 4等星

りも前に，ある星はスクリーンよりもうしろにあるのが見てとれるだろう。

ちなみにこの領域は，天の川銀河の直径（10万光年）の250分の1しかない。

黄道十二星座を構成する星々の位置関係を，一つの図にまとめた。ここでは，計136個の星をプロットしている。なお実際には，さそり座といて座の間に「へびつかい座」も存在する。

＊図は，ヒッパルコス衛星のデータ「ヒッパルコス星表」（1997年発表）を参考に作成している。

おひつじ座　*Aries*
赤経2h30m　赤緯＋20°
おひつじ座を構成する星は，すべて200光年以内におさまっている。なかでもヒツジの額にあたる二つの星は，地球に近い。

うお座　*Pisces*
赤経0h20m　赤緯＋10°
2匹の魚をえがいている星座。左側の魚だけが，200光年の枠を飛びだしている。

みずがめ座　*Aquarius*
赤経22h20m　赤緯-13°
みずがめ座を構成する星の約半数が200光年以内，もう半数が200光年以上に分布している。

おひつじ座

うお座

地球の位置
天球にくらべると，太陽系でさえ点にしかみえない。

みずがめ座

やぎ座　*Capricornus*
赤経20h50m　赤緯-20°
やぎ座を構成する星の中では，尾が最も地球に近い場所にある。

いて座　*Sagittarius*
赤経19h00m　赤緯-25°
天の川銀河の中心はいて座の方角にあるが，いて座を構成する星は200光年未満に近いものが多い。

やぎ座

てんびん座

さそり座

アンタレス

いて座

さそり座　*Scorpius*　赤経16h20m　赤緯-26°
心臓にたとえられるのが，α星のアンタレス。終わりをむかえつつある「赤色巨星（せきしょくきょせい）」で，直径は太陽の740倍ほどもある。なお，さそり座を構成する星の多くは200光年以上の距離に位置している。

星座の形は時間とともに変化する

地球のような「惑星」とはことなり、「恒星(こうせい)」はかつて、動かないものと思われていた[1]。しかし実際には、恒星は高速で宇宙空間を動いている。これは、各々の恒星に固有のものだ（固有運動[2]）。恒星が動いているようにみえないのは、何光年もの遠方にあるため、その動きを短期間でとらえることができないからだ。

この固有運動により、星座の形は徐々に変化していく。たとえば「北斗七星(ほくとしちせい)（おおぐま座）」は、七つの星がひしゃくのようにつらなってみえるが、10万年後にはそれをひっくり返したような形になる（右ページ）。

より短い時間の間にも、夜空には大きな変化がおきる。地球から星空を観測していると、星座はあたかも1日に1回、北極星を中心にまわっているようにみえるが、**数千年後には、星座の回転中心（北極点）は北極星ではなくなってしまうのだ。**

これは、地球の自転軸がコマのようにブレるためだ（歳差運動(さいさ)）。すなわち、数千年程度の時間間隔では、北極点の位置が星座の間を縫(ぬ)うように動いていくのが観測されるのである。

※1：そのため、恒常的（＝変化しない）にそこにある星と名づけられた。

※2：天文学で「固有運動」とは、天球上で恒星が1年間に何秒角（びょうかく）移動するかという見かけの角速度で定義される。ここでは便宜的に、毎秒何キロメートルといった実際の速度も含める。

移動する北極点（→）

地球の自転軸の方向は「極軸」とよばれ、それが天球と交わる点が、北極点と南極点である。現在の北極点はほぼ北極星の位置にあるが、歳差運動により徐々に移動していく。

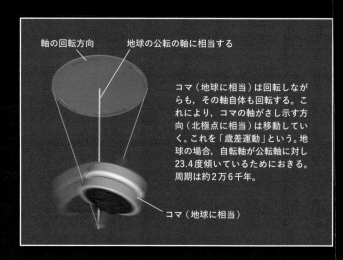

軸の回転方向　地球の公転の軸に相当する

コマ（地球に相当）は回転しながらも、その軸自体も回転する。これにより、コマの軸がさし示す方向（北極点に相当）は移動していく。これを「歳差運動」という。地球の場合、自転軸が公転軸に対し23.4度傾いているためにおきる。周期は約2万6千年。

コマ（地球に相当）

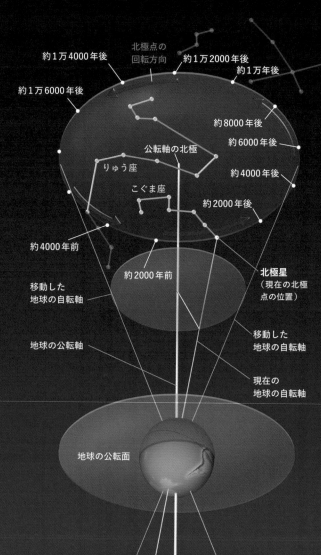

約1万4000年後
北極点の回転方向
約1万2000年後
約1万年後
約1万6000年後
約8000年後
約6000年後
公転軸の北極
約4000年後
りゅう座
約2000年後
こぐま座
約4000年前
約2000年前
北極星（現在の北極点の位置）
移動した地球の自転軸
移動した地球の自転軸
地球の公転軸
現在の地球の自転軸
地球の公転面

北斗七星の移りかわり（→）

恒星は，天の川銀河の中をそれぞれ独自の方向に動いている。これを「固有運動」といい，その大きさは恒星によってまちまちである。

ここでは10万年前から10万年後までの北斗七星の姿をえがいた。ひしゃくの柄の先端，合（ごう）の先端を構成する星の動きが大きく，過去から未来の20万年の間に，北斗七星の姿は大きくかわる。

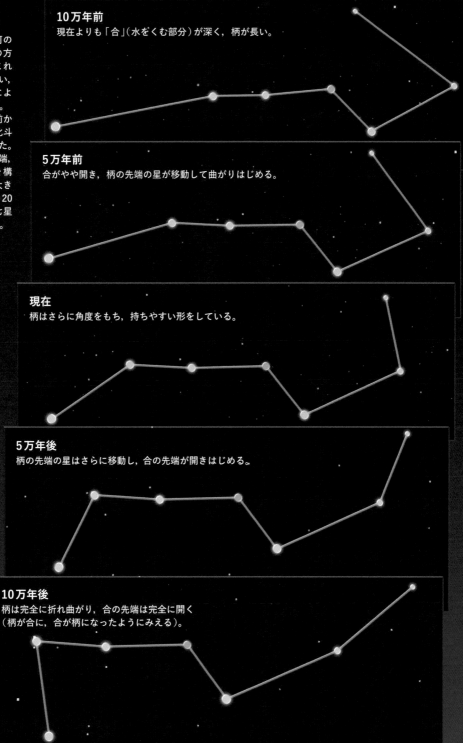

10万年前
現在よりも「合」（水をくむ部分）が深く，柄が長い。

5万年前
合がやや開き，柄の先端の星が移動して曲がりはじめる。

現在
柄はさらに角度をもち，持ちやすい形をしている。

5万年後
柄の先端の星はさらに移動し，合の先端が開きはじめる。

10万年後
柄は完全に折れ曲がり，合の先端は完全に開く
（柄が合に，合が柄になったようにみえる）。

太陽に最も近い恒星でも 約40兆キロメートル離れている

　地球から最も近い恒星は，太陽である。では，太陽に最も近い恒星はどこにあるのだろうか。それは，ケンタウルス座にあるケンタウルス座 α 星という3連星の中の一つ「ケンタウルス座プロキシマ星」で，約4.2光年（およそ40兆キロメートル）離れたところにある。

　ただし，最も近いとはいっても私たち人類が実際にそこに行こうとすると，途方もない時間が必要とある。太陽系の惑星の中で最も外側をまわる「海王星」を例に，その遠さを実感してみよう。

　太陽から海王星までの平均距離は，およそ45億キロメートル

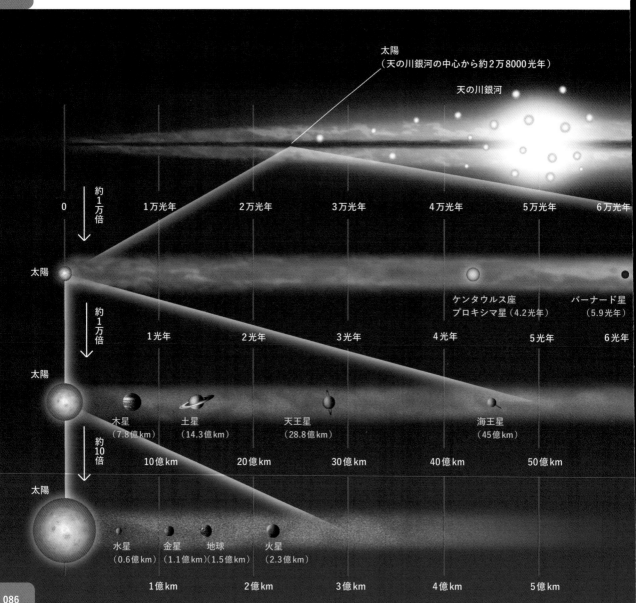

太陽
（天の川銀河の中心から約2万8000光年）

天の川銀河

約1万倍

0　1万光年　2万光年　3万光年　4万光年　5万光年　6万光年

太陽

約1万倍

ケンタウルス座
プロキシマ星（4.2光年）　バーナード星（5.9光年）

1光年　2光年　3光年　4光年　5光年　6光年

太陽

約10倍

木星（7.8億km）　土星（14.3億km）　天王星（28.8億km）　海王星（45億km）

10億km　20億km　30億km　40億km　50億km

太陽

水星（0.6億km）　金星（1.1億km）　地球（1.5億km）　火星（2.3億km）

1億km　2億km　3億km　4億km　5億km

である。一方，人類がつくりだしたものの中で地球から最も離れた場所にあるのが，NASA（アメリカ宇宙航空局）の探査機「ボイジャー」である。1977年に打ち上げられたボイジャー1号は2012年に，1977年に打ち上げられた2号は2018年に，太陽の影響がおよぶ太陽圏の外側の宇宙空間（ただし，太陽系の中）に飛びだしていった。ボイジャー1号は，現在太陽から約240億キロメートル（2023年1月現在）の位置にいる。つまり，太陽から海王星までの約5倍の距離にまで到達しているといえる。ただし，ボイジャー1号が，ケンタウルス座プロキシマ星がある距離にまで到達するには，約7万4000年の飛行をつづけなければならない。太陽から最も近い恒星に到達することさえ，少なくとも当分の間は不可能である。

天の川銀河には数千億個の恒星があるが，恒星どうしの距離は，私たちの日常的な感覚からすればとてつもなく大きなものなのだ。

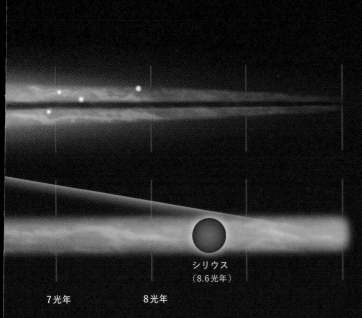

シリウス
（8.6光年）

7光年　　　8光年

スケールをかえて 天体の距離感を感じてみよう

直径約10万光年の天の川銀河の一部を1万倍に拡大すると，太陽とその近傍の恒星が見えてくる。さらに1万倍すると，太陽系内の木星以遠の惑星が見える。地球や火星など，太陽に近い惑星は，さらに10倍してやっとその距離をつかむことができる。

太陽から近い距離にある恒星

	星名	距離
1	ケンタウルス座α星C（プロキシマ）	4.2光年
2	ケンタウルス座α星A, B	4.3光年
3	バーナード星	6.0光年
4	ウォルフ359	7.9光年
5	BD＋36°2147	8.3光年
6	おおいぬ座シリウス（A）	8.6光年
7	おおいぬ座シリウス（B）	8.7光年
8	くじら座ルイテン726-8	8.7光年
9	くじら座UV星	8.9光年
10	ロス154	9.7光年
11	ロス248	10.3光年
12	エリダヌス座ε星	10.5光年
13	CD-36°15693	10.7光年
14	ロス128	11.0光年
15	ルイテン789-6	11.2光年
16	はくちょう座61番星（A, B）	11.4光年
17	こいぬ座プロキオン（A, B）	11.5光年
18	BD＋59°1915（A, B）	11.5光年
19	BD＋43°44（A, B）	11.6光年
20	G51-15	11.7光年

1等星の半数以上が
地球から100光年未満の領域にある

　ここで，1等星より明るい恒星の3Dマップを見てみよう。これらの星は非常に目立つため，星座を形づくる主役となっている。

　1等星より明るい星は全部で21個あり，半数以上が地球から100光年未満に存在する。100光年以上の遠い場所にある場合は，それ自体非常に明るい（絶対光度が大きい）星でないと，地球から見えることはない。逆に，おうし座の「アルデバラン」のように，絶対光度が小さい星でも近距離にあるため，1等星となっている星もある。

主系列星は
その質量によって将来が決まる

　1等星より明るいとひとくちにいっても，たとえばおおいぬ座の「シリウス」とオリオン座の「ベテルギウス」は，見た目の色がまったくちがう。恒星は，それぞれ固有の色や明るさをもっているのだ。1900年代のはじめごろ，こうした多様な恒星の姿が分類され，恒星の光度と色（スペクトル型），すなわち明るさと温度に関係があることが明らかになった。

　この分類によると，太陽のように星の中心部で水素をヘリウムに転換し（核融合反応），このときに発生するエネルギーで輝いている恒星を「主系列星」という。主系列星は，すべての恒星のうちの約90パーセントを占める。

　主系列星のうち，質量が太陽の8倍以上ある重い星は，比較的短い時間ののちに中心部の水素を使い果たし，太陽の数十倍という大きさの「巨星」や，さらに大きな「超巨星」へと進化する。これらは，太陽などにくらべて非常に明るく，のちに超新星爆発という劇的な最期をむかえる。

　一方，太陽の8倍以下の質量をもつ恒星は，長い時間ののちに「白色矮星」という青白い暗い恒星になる。ほとんどの恒星は太陽質量の8倍以下なので，白色矮星になる。

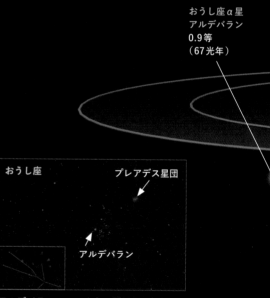

おうし座α星
アルデバラン
0.9等
（67光年）

おうし座　　　　　　　プレアデス星団

アルデバラン

アルデバランのスペクトル型はK。右上には「すばる」の名でも知られる，プレアデス星団がみえる。

100光年未満にある 1等星より明るい星（→）

全天に見られる，21個の「1等星より明るい星」を示した。右上の図では，太陽から100光年未満に11個の「1等星より明るい星」があることがわかる。地球の最も近くにあるのは，太陽から約4.3光年に位置するケンタウルス座のα星，最も遠くにあるのは，はくちょう座のデネブで，太陽から約1400光年に位置する。

恒星のスペクトル型と
表面温度（→）
同じ等級の恒星でも，それぞれの色（スペクトル型）をもっている。スペクトル型は，その恒星の表面温度に関係がある。

スペクトル型	色	表面温度
O	青白	4万K
B	青白	2万K
A	白	1万K
F	白	8000K
G	黄色	6000K
K	橙色	4000K
M	赤	3000K

しし座

レグルス

スペクトル型はB。

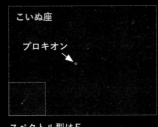

こいぬ座

プロキオン

スペクトル型はF。

シリウス

おおいぬ座

おおいぬ座のα星は，全天一明るい恒星とし
て有名なシリウス。スペクトル型はA。

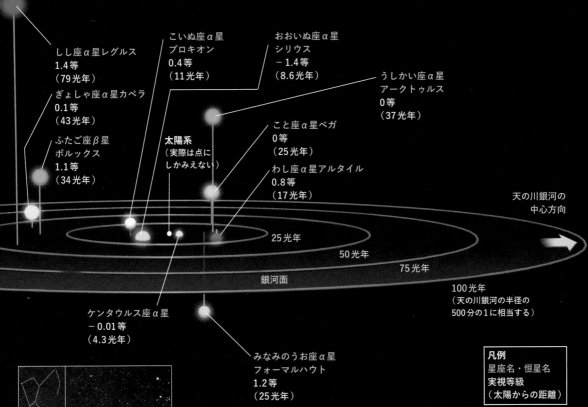

しし座α星レグルス
1.4等
（79光年）

ぎょしゃ座α星カペラ
0.1等
（43光年）

ふたご座β星
ポルックス
1.1等
（34光年）

こいぬ座α星
プロキオン
0.4等
（11光年）

太陽系
（実際は点に
しかみえない）

おおいぬ座α星
シリウス
−1.4等
（8.6光年）

うしかい座α星
アークトゥルス
0等
（37光年）

こと座α星ベガ
0等
（25光年）

わし座α星アルタイル
0.8等
（17光年）

天の川銀河の
中心方向

25光年

50光年

75光年

銀河面

100光年
（天の川銀河の半径の
500分の1に相当する）

ケンタウルス座α星
−0.01等
（4.3光年）

みなみのうお座α星
フォーマルハウト
1.2等
（25光年）

凡例
星座名・恒星名
実視等級
（太陽からの距離）

ベテルギウス

オリオン座

ベテルギウスのスペクトル型はMで，
赤色超巨星である。変光星であり，
2110日の周期で0.4等から1.3等ま
で明るさをかえる。

100光年以上の距離にある1等星より明るい星

・エリダヌス座α星アケルナル／ 0.5等
　（約139光年）
・おとめ座α星スピカ／ 1.0等
　（約250光年）
・みなみじゅうじ座β星／ 1.2等
　（約279光年）
・りゅうこつ座α星カノープス／ −0.7等
　（約309光年）
・みなみじゅうじ座α星／ 0.8等
　（約322光年）

・ケンタウルス座β星／ 0.6等
　（約392光年）
・オリオン座α星ベテルギウス／ 0.5等
　（約498光年）
・さそり座α星アンタレス／ 1.0等
　（約554光年）
・オリオン座β星リゲル／ 0.1等
　（約863光年）
・はくちょう座α星デネブ／ 1.2等
　（約1412光年）

地球から5000光年未満の距離にある星雲・星団の3Dマップ

　より遠くから太陽系の方向をながめると，恒星以外の天体が銀河面（天の川方面）付近に集まっているようすがわかる（右図）。

　たとえば，オリオン座の三つ星の下側に位置するオリオン星雲は，「散光星雲」とよばれる天体である。**銀河全域に充満するガスやちりの雲が，それらから生まれた高温の若い恒星の光（紫外線）を受けて電離し，輝いている。**電離とは，プラスの電気をもつ原子核とマイナスの電気をもつ電子から構成される電気的に中性な「原子」から，電子またはその一部がはぎとられた状態のことだ。

　みずがめ座のかたわらに位置する，らせん星雲は，「惑星状星雲」である。これは，見た目が惑星のようにみえることからその名がつけられた。**恒星の一形態である巨星（赤色巨星）が年老いて白色矮星にかわろうとする段階にあるもので，星の表面のガスが，だんだんと外側に膨張している。**このガスが，中心に残った高密度の星の芯から放射される紫外線によって電離され，光り輝いているのである。ほとんどの恒星は赤色巨星となって外側に惑星状星雲をつくり，白色矮星になると考えられている。

　そして，おうし座の中でひときわ輝くプレアデス星団は，集団で生まれた数十〜数千個の若い恒星がまばらに集まった，散開星団という天体だ。

　ほかにも，恒星が寄り集まって球状に分布する球状星団，太陽の8倍以上の星がやがておこす超新星爆発により，ガスやちりなどの残骸が広がる「超新星残骸」などがある。

凡例
星雲名・星団名／星座
（太陽からの距離）

地球から5000光年未満にある星雲・星団

太陽系から5000光年までの距離にある主な星雲・星団を示した。最も外側の円の直径は1万光年で，これは天の川銀河の直径の10分の1に相当する。

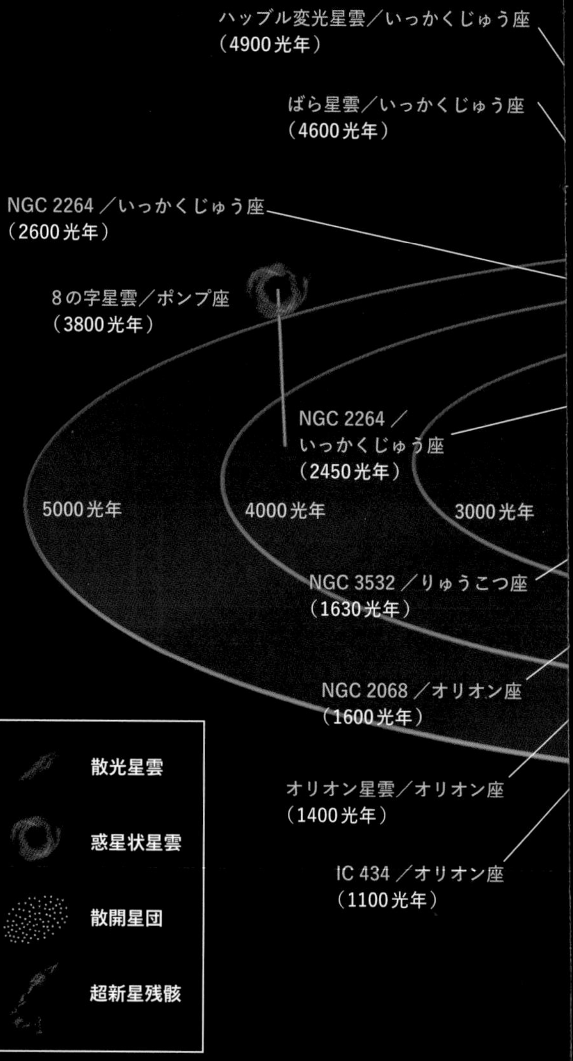

ハッブル変光星雲／いっかくじゅう座
（4900光年）

ばら星雲／いっかくじゅう座
（4600光年）

NGC 2264／いっかくじゅう座
（2600光年）

8の字星雲／ポンプ座
（3800光年）

NGC 2264／いっかくじゅう座
（2450光年）

5000光年　　4000光年　　3000光年

NGC 3532／りゅうこつ座
（1630光年）

NGC 2068／オリオン座
（1600光年）

オリオン星雲／オリオン座
（1400光年）

IC 434／オリオン座
（1100光年）

散光星雲

惑星状星雲

散開星団

超新星残骸

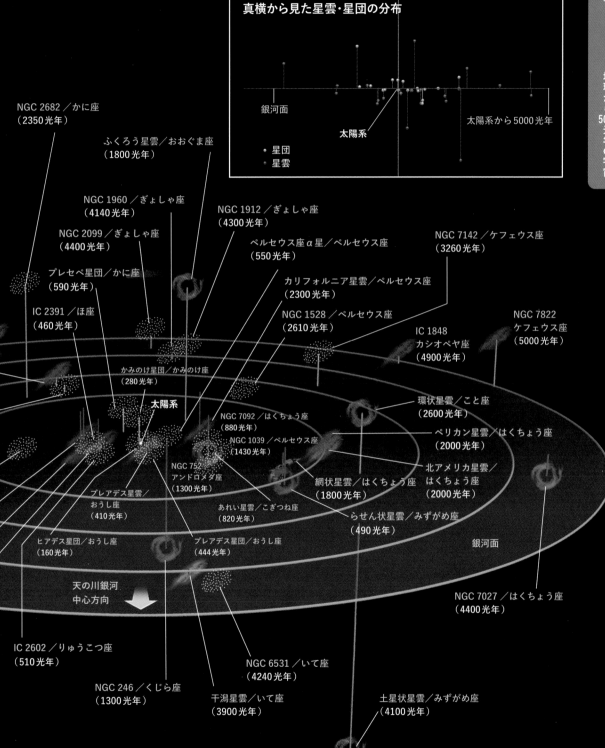

真横から見た星雲・星団の分布

星座の星や星団の多くは「腕」の中に存在する

天の川銀河の明るいところには，明るく若い星が多く集まっている（暗いところでは少ない）。**このような領域が渦のパターンとなり，腕（渦状腕）となる。**

天の川銀河の円盤には，光を通しにくい星間物質（ガスやちり）が充満している※。腕の構造をみると，内側はとくに明るくみえるが，これは星間物質が圧縮されて，新たな星が誕生しているためだ。実は，太陽もかつて，天の川銀河の腕の中で生まれたと考えられている。太陽は現在，「オリオン腕」の端に位置している。

天の川銀河の渦は"波"でもある

天の川銀河にある数千億個の星は，ある程度整然と分布しているが，完全な均衡状態ではない。**星が少し近づくと重力が発生し，新たな星を引きずりこむ。**こうして星の密度の高い部分ができ，それが密度波となり，腕のもとになる。つまり，天の川銀河の渦は"波"でもあるのだ。

※：とくに濃い部分が「暗黒星雲」。

太陽の軌道　銀河北極方向

地球

黄道の北極方向　太陽

62.6°

天の川銀河を横から見た場合

（↑）北側から見ると時計まわりに周回している太陽系

天の川銀河は回転運動をしているが，太陽もこの回転にのって天の川銀河内を周回している。

天の川銀河の回転は，銀河北極方向から見ると「時計まわり」に回転している。しかし，太陽に対する地球の公転は，公転軸（黄道の北極）方向から見ると「反時計まわり」だ（上図）。これは，矛盾しているわけではない。スケールが大きくことなるため，地球を含めた太陽系の回転は，巨大な天の川銀河の中で生じた無数のランダムな運動（乱流：らんりゅう）の一部を反映しているのだ。そのため，太陽系の黄道の北極と銀河北極は示す方向がことなる。

星が誕生するまで

天の川銀河の回転とともに，天の川銀河にただようガスも回転する。腕構造の手前には「衝撃波面」があり，回転してきたガスの密度と圧力が上昇する。これは，高速道路終点の料金所手前で渋滞がおきることに似ている。

圧縮されたガスは，たがいの重力で収縮をはじめる。この収縮がつづくと，新たな星が誕生する。ガスが圧縮されるのは衝撃波面から100光年程度，新たな星が形成されるのは衝撃波面から数百光年程度の領域と考えられている。

星間ガスは，腕の衝撃波で急速に減速・圧縮されるが，次の腕に入るまでに元の速度にもどる。

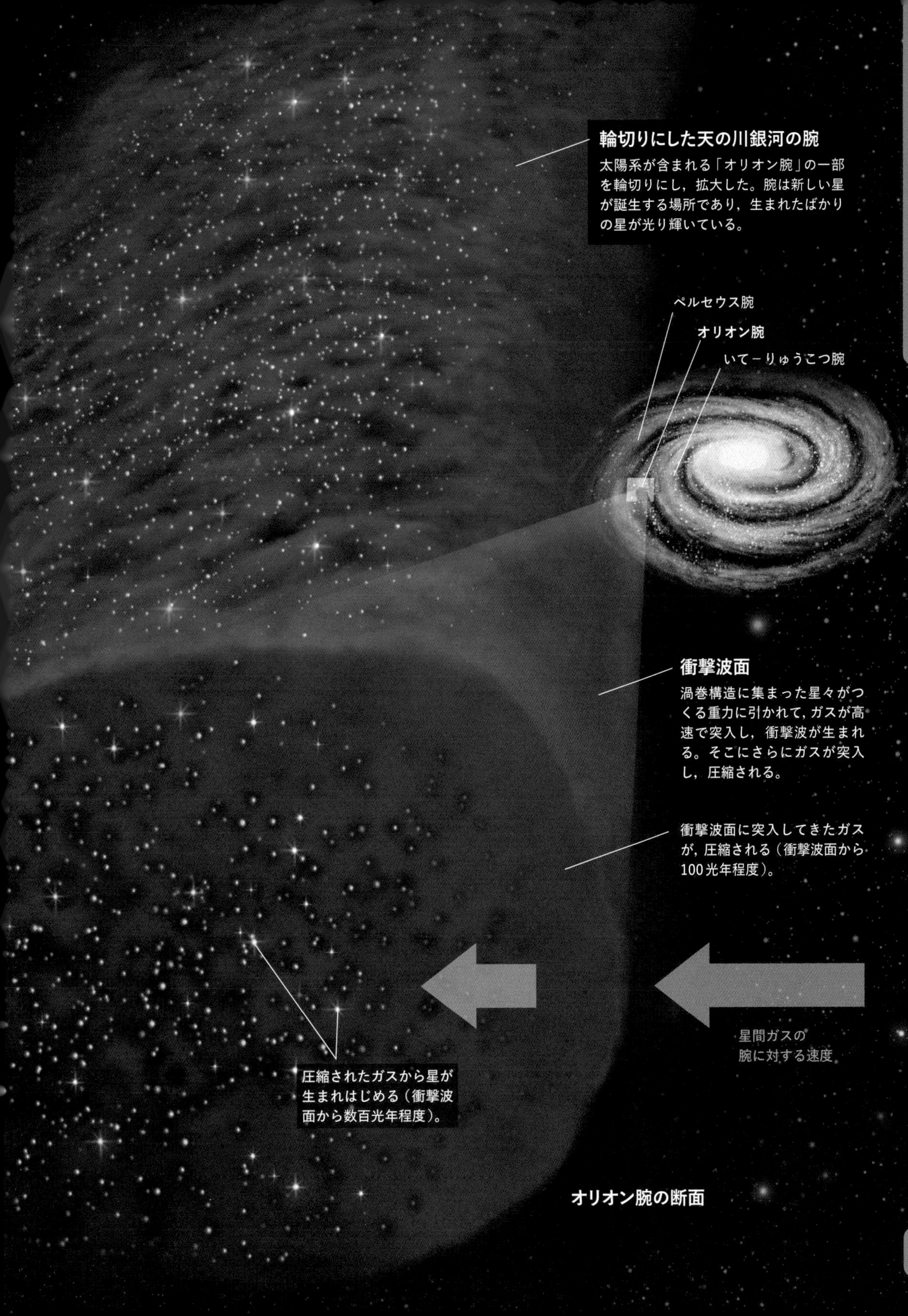

輪切りにした天の川銀河の腕
太陽系が含まれる「オリオン腕」の一部
を輪切りにし，拡大した。腕は新しい星
が誕生する場所であり，生まれたばかり
の星が光り輝いている。

ペルセウス腕

オリオン腕

いて－りゅうこつ腕

衝撃波面
渦巻構造に集まった星々がつ
くる重力に引かれて，ガスが高
速で突入し，衝撃波が生まれ
る。そこにさらにガスが突入
し，圧縮される。

衝撃波面に突入してきたガス
が，圧縮される（衝撃波面から
100光年程度）。

星間ガスの
腕に対する速度

圧縮されたガスから星が
生まれはじめる（衝撃波
面から数百光年程度）。

オリオン腕の断面

天の川銀河の"断面"は どのようになっているのか

　もし天の川銀河を輪切りにして写真に写したら，どのようにみえるだろうか。

　右には，天の川銀河を縦（上から下）方向に切った場合と，魚をおろすように，横方向に切った場合を示した。なお，可視光で予測される断面（黄色）と，天の川銀河内の中性水素ガス（青色：星間ガスの主成分の一つ）の分布モデルの断面を同時にえがいている。

　縦方向に切った場合（A），**天の川銀河の渦巻模様が明るく際立っている部分，つまり明るく輝く恒星がたくさん集まっているようすを見ることができる。**星間ガスは銀河面に沈殿しており，そのガスを囲うように星が分布している。また，天の川銀河のガスの分布は，星が分布する部分が終わる外側でふえていることがわかる。これは外側にいくほど，ガスを銀河面に引き寄せる重力が小さくなるためだ。

　横方向に切った場合では（B），**中性水素ガスが多く分布する領域が，恒星が多く分布する銀河面というわけではないことがおわかりいただけるだろう。**

　このような断面図を考えることで，天の川銀河の全体像を立体的にとらえることができるはずだ。ただし，天の川銀河にはまだわかっていないことも多い。天の川銀河のよりくわしい3Dマップを作成するためには，恒星だけでなく，ガス雲，ダークマターなどの分布を知ることも重要になってくる。

＊本節の図は，祖父江義明（そふえよしあき）東京大学名誉教授と，中西裕之（なかにしひろゆき）准教授より提供していただいた資料をもとに作成した。

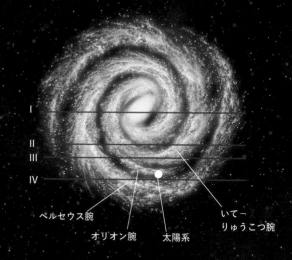

I
II
III
IV

ペルセウス腕　　オリオン腕　太陽系　　いて－りゅうこつ腕

A. 縦方向に切った場合

天の川銀河を，縦方向にスライスした図。恒星の分布は腕（光り輝いた部分）に集中するが，星間ガスは，銀河面に一様に薄く分布している。なかでも中性水素ガスは，恒星の分布が終わる外側でふえ，かつ銀河面に対し傾いた分布をしている（青いもやで表現している）。

星間ガス　　いて－りゅうこつ腕
ペルセウス腕　天の川銀河の中心　中性水素ガスのかたより

I 天の川銀河中心を通るように切った場合（↑）

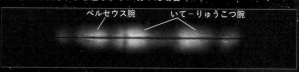

ペルセウス腕　　いて－りゅうこつ腕

II いて－りゅうこつ腕を3分割するように切った場合（↑）

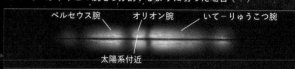

ペルセウス腕　オリオン腕　　いて－りゅうこつ腕
太陽系付近

III 太陽系付近を通るように切った場合（↑）

ペルセウス腕

IV ペルセウス腕を3分割するように切った場合（↑）

B. 横方向に切った場合

天の川銀河を，横方向にスライスした図。天の川銀河は薄い円盤構造をしているが，恒星の分布が最も多いのが銀河面である。ここでは，銀河面に垂直な「銀河北極」方向を上にしてえがいている。なお，中性水素ガスが多く分布する領域は，銀河面というわけではないことがわかる。

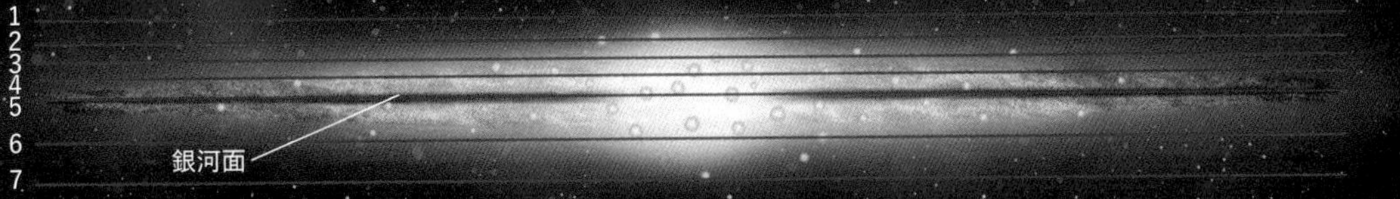

1
2
3
4
5
6
7

銀河面

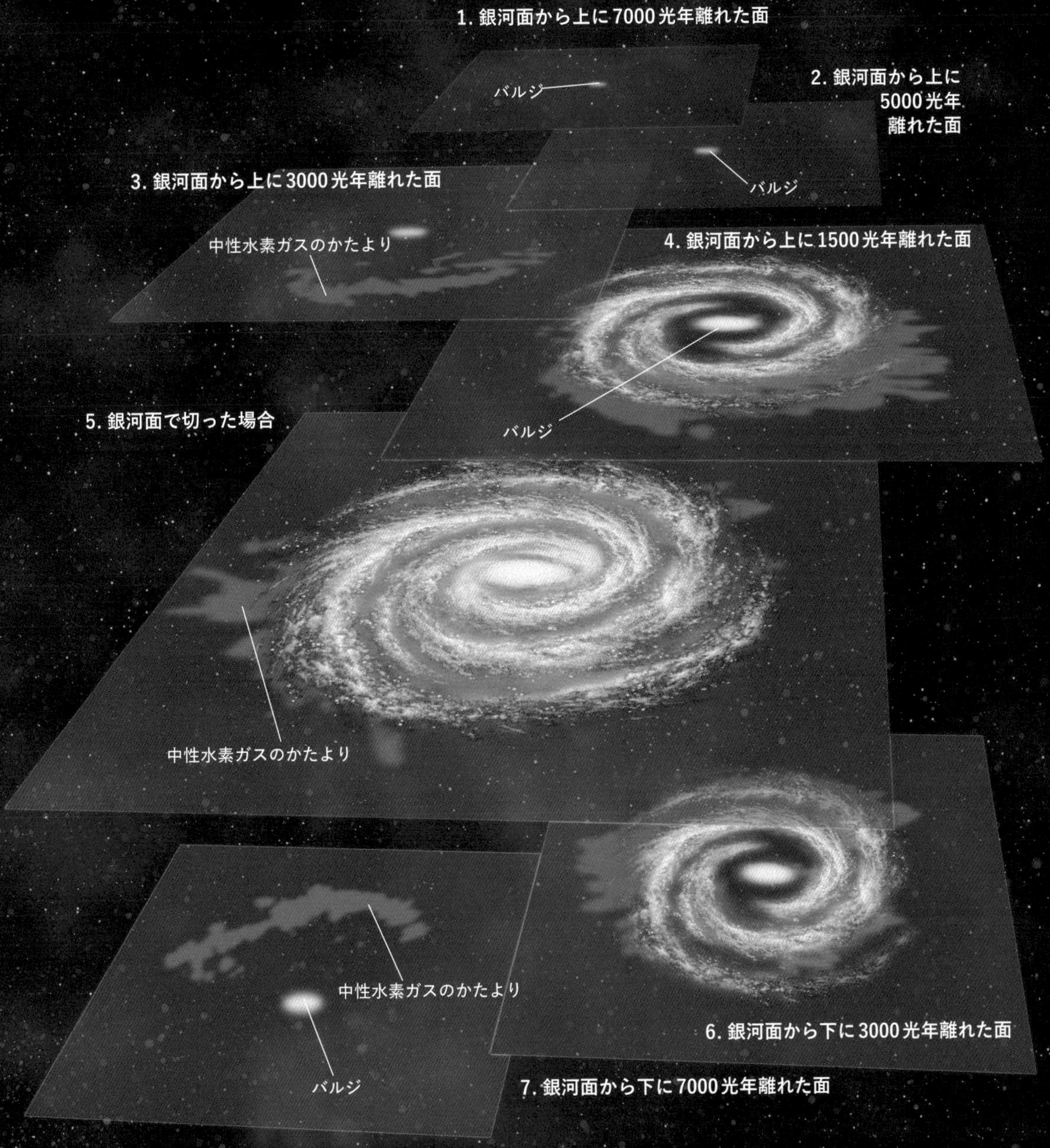

1. 銀河面から上に7000光年離れた面

バルジ

2. 銀河面から上に
5000光年
離れた面

バルジ

3. 銀河面から上に3000光年離れた面

中性水素ガスのかたより

4. 銀河面から上に1500光年離れた面

バルジ

5. 銀河面で切った場合

中性水素ガスのかたより

中性水素ガスのかたより

バルジ

6. 銀河面から下に3000光年離れた面

7. 銀河面から下に7000光年離れた面

095

天の川銀河の円盤は
たわんでいる？

　私たちは天の川銀河を飛びだして，その形を知ることはできない。そこで，天の川銀河をつくっている物質がどのように広がっているのかを調べて，その形を推測してきた。銀河を形づくっているものとして，まず思い浮かぶのは「星」だろう。しかしこれまで調べられてきたのは，星そのものではなく，主にガスの分布であった。

　星が放つ可視光は，ちりに吸収されてしまう。このため，私たちの太陽系から遠く離れた星ほど，多くのちりに邪魔されて観測することができなくなってしまう。一方，ガスはちりに吸収されない「電波」を強く出す。この電波を使って，天の川銀河内のガスの分布が観測され，そこから天の川銀河の円盤の形が推測されてきたのである。

高い精度で距離がわかる「セファイド」

　さて，天の川銀河の形をより確かに細かく推測するには，星の分布の情報があったほうがよい。2018年から2019年にかけて，中国，ポーランド，チリの三つの研究チームにより，南半球の空全域に散らばる星の距離が，これまでにないほど高い精度で測定された。ちりがあっても十分に観測ができるよう，中国とチリのチームは，ちりを透過して届く近赤外線を，ポーランドのチームも近赤外線に近い波長の可視光をとらえる観測を行った。

　三つのチームは，ある特殊な星をターゲットに定めた。それは「セファイド（セファイド変光星）」である（62ページ参照）。セファイドは一定の周期でその明るさが変動するという特徴をもち，明るさの周期が長いものほど，真の明るさ（絶対光度）が明るい（**A**）。

　この関係を利用して推定された真の明るさが，星の距離を知るときに役に立つ。同じ明るさで輝く電球どうしでも，遠くに置いた電球のほうが暗くみえるように，真の明るさが同じでも，遠くにある星ほど見かけの明るさは暗くなる（距離が2倍になれば，見かけの明るさは4分の1になる）。つまり，見かけの明るさと真の明るさがわかれば，そこから距離を知ることができるのだ。

　さらに，セファイドは非常に明るい星なので，6500万光年程度まで離れた銀河の距離の測定にも利用できる。天の川銀河の直径は約10万光年なので，天の川銀河内のセファイドを測定するのは簡単だ。

　これまで距離を測定されてきた天の川銀河内のセファイドは太陽系近くの500個程度だったが，今回三つのチームは，より広い領域を調べた。

　こうして中国のチームは約1300個，ポーランドのチームは約2400個のセファイドの距離のデータを使って，天の川銀河の形を提示した（チリのチームはより精度の高い観測で，新たに640個のセファイドの距離を測定した）。

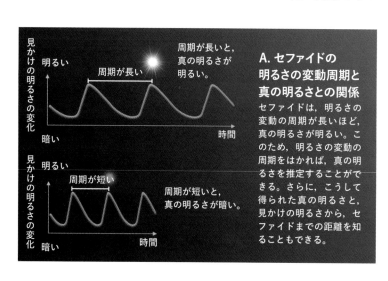

見かけの明るさの変化

明るい

周期が長い

周期が長いと，真の明るさが明るい。

暗い

時間

見かけの明るさの変化

明るい

周期が短い

周期が短いと，真の明るさが暗い。

暗い

時間

A. セファイドの明るさの変動周期と真の明るさとの関係

セファイドは，明るさの変動の周期が長いほど，真の明るさが明るい。このため，明るさの変動の周期をはかれば，真の明るさを推定することができる。さらに，こうして得られた真の明るさと，見かけの明るさから，セファイドまでの距離を知ることもできる。

B. セファイドの研究から提示された天の川銀河の形

天の川銀河内のセファイドの分布（距離）を精度よく調べた結果，上図のような姿が示された。真横から見た天の川銀河は，ゆるやかにたわんでおり（ピンクの曲線），両端が上下方向に広がっている（点線）。

その天の川銀河は，真横から見ると一般にイメージされる目玉焼きのような形ではなく，ゆるやかにたわみ，端のほうが広がっていたのである（B）。

**たわみの原因は
近くの矮小銀河や暗黒物質？**

これまでに得られたガスの分布のデータによれば，この形はほかの銀河にもみられるものではないかと考えられている。それにしてもなぜ，このような形になったのだろうか。

セファイドをもとに天の川銀河の形を研究している東京大学の松永典之博士によれば，もともとは平らだった天の川銀河の円盤に，近くの矮小銀河や暗黒物質などがぶつかった結果，たわんだのではないかと考えられているという。また，円盤の端が広がっている原因については，星やガスなどの物質の密度が薄く，重力でまとまる力が弱い場所であり，もともと円盤が薄くなりにくかったうえに，矮小銀河や暗黒物質などがぶつかることで上下方向に広がっているのだと考えているという。

今後，さらなる観測と分析を重ねていけば，天の川銀河全体にわたる完全な「セファイドのカタログ」ができるのではないかと期待されている。たとえば，72ページで紹介したガイア衛星が多くのセファイドを見つけつつあり，くわしい解析が進められている。

セファイドのデータがそろうと，何がわかってくるのだろうか。前述の研究では，明るさの周期の情報などから，セファイドの年齢のデータもそろった。より多くのセファイドの年齢と分布のデータがそろえば，天の川銀河内のどこでセファイドが生まれ，その後どう広がっていったのかを推測することができる。そしてその推測から，渦状腕がどのようなしくみでできて，その後その形がどのようにかわっていくのかをさぐるヒントが得られるかもしれないのだ。

さらに，それぞれのセファイドを構成する元素の種類と割合（化学組成）をくわしく調べることもできる。松永博士は語る。

「セファイドの分布と化学組成の情報から，天の川銀河のそれぞれの場所で，どのように重い元素がつくられてきたのかといった歴史を知ることができるでしょう。セファイドのような星をたくさん調べられるようになったことで，天の川銀河の形だけではなく，進化の過程をさぐるためのヒントが得られていくと思います。今後，セファイドを使った銀河の研究がどんどん進んでいくことを期待したいですね」

097

銀河にひそむ
ブラックホール

協力　須山輝明／原田知広
協力・監修　川島朋尚

　ブラックホールは，重い星が生涯の最期に爆発をおこして生じる
天体だ。しかし最近，これとはまったくことなるタイプのものが注
目を集めている。宇宙の最初期に生まれたと考えられる「原始ブラ
ックホール」である。本章では，原始ブラックホールの研究最前線，
そしてブラックホールの直接撮影に成功したという驚きのニュース
などを紹介する。

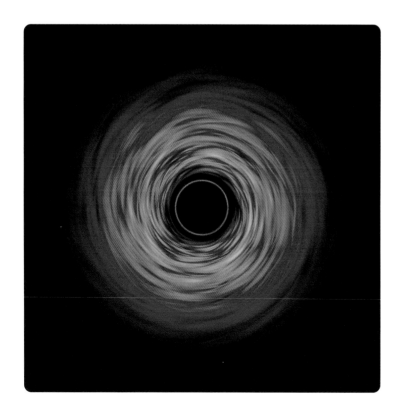

天の川銀河の"主" … 100

ブラックホールをとらえろ … 102

時空の穴 … 106

原始ブラックホール ①② … 110

超大質量ブラックホール
誕生の謎 … 114

進む原始ブラックホール研究
… 116

天の川銀河の"主"
超大質量ブラックホールの撮影に成功

2022年5月，日本の国立天文台の水沢VLBI観測所などが参加する国際プロジェクト「イベント・ホライズン・テレスコープ（EHT）」は，天の川銀河の中心にある「いて座A＊」というブラックホールの画像を公開した。EHTがブラックホールの撮影に成功したのは，これで2例目だ（1例目は下図）。

超大質量ブラックホールの周囲にはガスが存在しており，このガスから出た光がブラックホールに進路を曲げられる。そのため画像には，中心部の「影」（ブラックホールシャドウ：ブラックホールの本体付近）と，それを取り巻く明るいリング像が写しだされている。

いて座A＊のリング（右ページ下）は，見かけの直径が51.8マイクロ秒角（1マイクロ秒角は36億分の1°）で，これは月面に置いた直径8センチメートルのドーナツくらいという，とんでもない小ささだ。

M87のブラックホールは，質量が太陽の約65億倍である。ジェット（49ページ参照）を噴出し，はげしい活動をみせている。

一方いて座A＊は質量が太陽の約400万倍で，現在はジェットの噴出のようなはげしい活動をみせていない※。

このように，タイプがことなる超大質量ブラックホールをEHTで観測し，データをくらべることで，まだわかっていない超大質量ブラックホールの起源や銀河本体とのかかわりが明らかになるかもしれない。

※：どちらも「低光度（ていこうど）活動銀河核」に該当する。

M87

M87のブラックホール

(←) 世界ではじめて観測された「M87」のブラックホール

人類がはじめて撮影した，おとめ座銀河団にある楕円銀河「M87」のブラックホール。2019年4月10日に，世界6か所で同時開催された記者会見において公開された。光っているリングには上下で明るさの差があるが，これはブラックホールやその周囲のガスが回転していることをあらわしているのではないかと考えられている。

天の川銀河

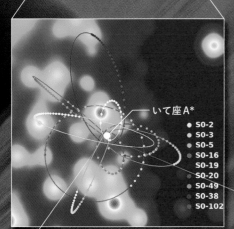

いて座A*

- S0-2
- S0-3
- S0-5
- S0-16
- S0-19
- S0-20
- S0-49
- S0-38
- S0-102

いて座A*の研究で
ノーベル賞を受賞

左下は，いて座A*の周辺の星々の運動のようす。画像の中心にいて座A*があり，周囲の星々はいて座A*のまわりをまわっている。

当初，いて座A*が超大質量ブラックホールであるという確証は得られていなかった。そこで，いて座A*の周囲の星々の運動を16年間にわたってヨーロッパとアメリカの研究チームが精密に追跡したところ，その中心にあるいて座A*は非常に巨大な重力を生みだすコンパクトな天体であることが判明した。この事実から，いて座A*が約400万太陽質量のブラックホールであることが証明されたのである。

両チームを代表していたドイツのラインハルト・ゲンツェル博士とアメリカのアンドレア・ゲズ博士は，この功績により2020年のノーベル物理学賞を受賞している。

天の川銀河の中心にあるブラックホール 「いて座A*」（↓）

いて座A*は，M87のブラックホールにくらべて半径が約1600分の1と小さい。そのため，周辺のガスは数分単位でブラックホールの周囲を動きまわる。つまり，ブラックホールの見た目が数分単位で変化してしまうことになり，1回の撮影に10時間程度かかるEHTにとっては，撮影中に画像が大きくブレてしまう原因になる。EHTの研究チームは，変動するブラックホールの姿を時間平均するための画像解析手法を新たに開発したことで，画像の取得に成功した。

"黒い穴"は
光すら脱出できない

ブラックホールは，物体が非常に小さな体積の中に押しこめられてできる，究極の高密度天体だ。きわめて強い重力をおよぼすため，この天体に近づける距離には限界が存在する。限界以上に近づいた物体は，宇宙で最も速い光ですら，ブラックホールの重力につかまって二度と出られなくなるのだ。

このことは，**限界距離より内側の領域でおこった出来事は，外にいる私たちにはいっさい知るすべがないことを意味する。**内側の領域で何がおころうとも，そこから発せられた光は私たちには届かない，つまり見ることができないからだ。

そこで，私たちが認識できる物事（事象）の"果て"がこの限界距離の位置にあると考えて，これを「事象の地平面（イベント・ホライズン）」とよび，**地平面で囲まれた領域のサイズをブラックホールの大きさとみなしている。**地平面から離れた場所でブラックホールをながめると，まさに宇宙に浮かぶ"黒い穴"のようにみえるはずだ。

この奇妙な天体が知られるようになったのは，20世紀はじめにアルバート・アインシュタイン（1879 ～ 1955）が「一般相対性理論」において，私たちがすむ時間・空間（時空）と重力の関係を理論化したのがきっかけだ。1916年，ドイツの天文学

者カール・シュバルツシルト（1873 ～ 1916）は，せまい領域に極限まで詰めこまれた物体のまわりには光さえ脱出できない領域が生じることを，一般相対性理論にもとづいてはじめてみちびいた。現在では，回転していないブラックホールの地平面の半径を，「シュバルツシルト半径」ともよんでいる。

間接証拠しかなかった
100年間

ブラックホールの有力候補天体はこれまでにたくさん見つかっているが，なかでも二つのタイプがよく知られている。一つは，銀河の中心に存在する「超大質量ブラックホール」である。その質量は，太陽の数百万倍から数十億倍にも達する。天の川銀河を含め，ほぼあらゆる銀河の中心には超大質量ブラックホールがあると考えられているが，その形成メカニズムはわかっていない。

もう一つは太陽の数倍から10倍くらいの質量をもつもので，「恒星質量ブラックホール」とよばれる。1960年代に発見された「はくちょう座X-1」という天体などがその代表例だ（右ページ下）。恒星質量ブラックホールは，太陽の25倍以上の質量をもつ恒星が，一生の最期に大爆発をおこす「超新星爆発」の際に，星がみずからの重力で

つぶれることでつくられると考えられている。

さらに最近では，これらの中間の質量をもつブラックホールが，天体から出るX線や重力波（質量をもつ物体が運動することで周囲の時空にゆがみが生じ，それが波のように伝わる現象）の観測によって発見されている。

しかし，これまでに光（電磁波）の観測で見つかっていたのは，ブラックホールの有力候補天体にすぎなかった。候補天体のそばには別の星やガスがあり，候補天体の重力を受けながら運動している。その動きを観測すれば，候補天体の質量と大きさを推定できる。そして，**ほかの天体では説明できないほど小さい領域に大きな質量が詰めこまれていると推定されれば，それがブラックホールであるはずであることがわかるのだ。**

これまでに見つかっていたブラックホール候補天体は，このような間接的な推定にもとづいて，ブラックホールだと思われているにすぎなかった（重力波の検出で見つかった候補天体については，重力波の波形から質量が精密に求まるため，ほぼ確実にブラックホールだといえる）。しかし，いずれにせよ"黒い穴"を人類が直接目にした例は，約100年前にブラックホールの存在が理論的に予言されて

以来, 一つもなかったのである。

小さすぎて見えない!

これまでブラックホールを直接見ることができなかった最大の理由は, ブラックホールの見かけの大きさが非常に小さいためだ。**一般に事象の地平面の半径は質量に比例し, 重いブラックホールほど大きい。**

たとえば, はくちょう座X-1 (質量は太陽の約15倍) の場合, 地平面の半径は約45キロメートルとなる。はくちょう座X-1は地球から約6100光年の距離にあり, 地球から見たときの半径はわずか0.00016マイクロ秒角にしかならない。現在見つかっている恒星質量ブラックホールは, すべて3000光年以上離れた距離にあり, 見かけの大きさはこれと似たようなものだ。

また, 銀河の中心にある超大質量ブラックホールで, 地球から最も大きく見えるのは, 天の川銀河の中心にある「いて座A＊」だ。質量は太陽の約400万倍で, 地平面の半径は約1000万キロメートル (太陽と水星の平均距離の約5分の1) となる。地球からの距離は約2万7000光年であり, 見かけの半径は約10マイクロ秒角だ。

対して, たとえばハワイにある「すばる望遠鏡」の分解能 (見分けられる限界の小ささ) は約0.02秒角 (＝20000マイクロ秒角) にすぎない。ブラックホールを見るためには "視力" がまったく足りないのだ。

電波で "影" が見えた

だが, 現代の天文学では, 望遠鏡の "視力" の限界を突破してより小さなものを見分けるために, さまざまな技術が用いられている。

EHTをブラックホール撮影成功にみちびいた[※1]のは, 「干渉計」という技術だ。たがいに離れた場所にある複数の望遠鏡で, 天体から届く光 (電磁波) を同時に観測する。EHTでは, ミリ波という電波の一種 (この観測では波長1.3ミリメートル) を観測した。そして, それぞれの望遠鏡で観測された電波を重ねあわせて数学的な処理をほどこす。すると, あたかも複数の望遠鏡の設置間隔のうち, 最大の距離がそのまま電波望遠鏡の口径になったかのような[※2], きわめて高い分解能を得られるのだ。この手法で観測を行う望遠鏡を干渉計といい, とくに, 数百〜数千キロメートル離れた電波望遠鏡を使って構築した大規模な電波干渉計を「超長基線電波干渉計 (VLBI)」という。

EHTでは, チリにある「ALMA望遠鏡」をはじめ, ハワイやアリゾナ (アメリカ), スペイン, メキシコ, 南極にある計8か所の電波望遠鏡を使って, 実効的な口径が約1万キロメートル (地球の直径は約1万3000キロ

※1: いて座A＊についても, M87と同時期の2017年4月に観測が行われた。

※2: 実際に集められる電波の量は, 個々の望遠鏡の合計にしかならないので, 十分に明るい天体を観測する必要がある。

ジェット

恒星

降着円盤

ブラックホール

恒星質量ブラックホール「はくちょう座X-1」

はくちょう座X-1の想像図。二つの天体がおたがいの周囲をまわる「連星 (れんせい)」であり, ブラックホール (左側) が, 相手側のガスを吸いこんでいる。

メートル）にもなる，まさに地球サイズのVLBIを構築した（下図・左）。この仮想電波望遠鏡の“視力”は，月面に置いたゴルフボールを地上から見つけられるほどだという（人間の視力に置きかえると300万）。

EHTでは，2017年4月5日から4月11日の間の5晩で観測を行い，合計3500テラバイトという膨大な量の観測データを得た。そして，VLBI専用スーパーコンピュータを用いて，数か月におよぶ処理を行った。

しかし，このようにして得られたデータは，実はただの数字の羅列である。そのデータを，天体の画像に変換する必要があるのだ。だが，この作業もまたむずかしい。EHTを構成する望遠鏡は，あくまでも地球上の数か所に“点”でしか存在していないので，得られるデータは“歯抜け”のような不完全なも

のだ。そこから数学的な処理を行って，完全な像を復元する必要がある。

このように不完全な元データから画像を復元する場合，最終的に得られる画像は，1通りには決まらないのが普通だ。そこで，ブラックホールの像がもつはずの特徴を利用して，たくさんの可能性の中から正しい最終画像にたどり着かなければならない。

EHTでは画像合成を四つのチームが担当し，たがいに情報をシャットアウトした状況で独立に画像解析に取り組んだ。また，解析に使う手法やソフトウェアも，複数のものを用いたという。その結果，4チームがそれぞれことなる手法によって求めた画像が，いずれも同様のブラックホールシャドウの姿となった。そのため，今回の結果はシャドウの姿を正しくとらえた

ものだと結論されたのである。

光の衣をまとうブラックホール

ブラックホールの画像（100ページ参照）に写る明るいリングは，ブラックホールの重力によって周囲を進んでいた光がその進路を大きく曲げられ，ブラックホールの周囲に巻きついたものである。事象の地平面の少し外側には，ブラックホールを取り巻く光のリングがみられると予想されており，これは「光子リング」とよばれている（下図・右）。光子リングの光は，もともとブラックホールの周辺にある高温のガス（プラズマ）から発せられたものだ。2017年の観測では，このガスは最高で60億℃以上という温度をもつこともわかった。

一般相対性理論から，光子リングの半径はシュバルツシルト

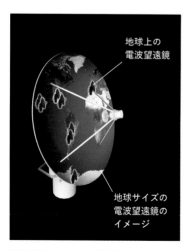

“地球サイズ”の電波望遠鏡

世界8か所にある電波望遠鏡を組み合わせて，アンテナの直径が1万キロメートルの電波望遠鏡に相当する性能をもたせた。

地球上の電波望遠鏡

地球サイズの電波望遠鏡のイメージ

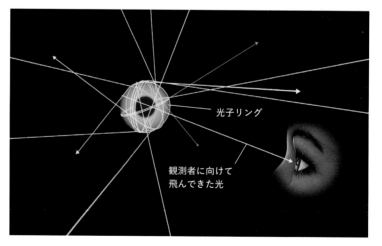

ブラックホールを取り巻く光のリング

ブラックホールの強い重力により，近くのガスから出た光が進路を曲げられ，ブラックホールのまわりに巻きつく。しかしその軌道は不安定なので，近くのガスのゆらぎなどが重力場を微妙に変化させ，光が軌道をはずれて飛びだしてくることがある。今回観測したのは，主にその光だ。

光子リング

観測者に向けて飛んできた光

半径の約2.5倍になることが求まるので，光子リングのサイズが観測でわかればシュバルツシルト半径もわかり，そこからブラックホールの質量を求められる。たとえば「M87」の超大質量ブラックホールでは，光子リングの直径が約1000億キロメートルだったことから，質量は太陽の約65億倍であると求められた。

M87が選ばれたわけ

M87は，「おとめ座銀河団」という銀河の大集団のほぼ中心にある大きな銀河だ。高速なガスの流れ（ジェット）が銀河の中心から約5000光年もの長さで吹きだしているのが特徴で（右上の図），電波やX線を強く発していることも知られている。

このように活発な活動をみせる銀河は活動銀河とよばれ，中心にある超大質量ブラックホールが活動性の源だと考えられてきた。

M87は比較的地球に近く，中心のブラックホールが大きいため，ブラックホールシャドウを見やすい銀河の一つとしてEHTの観測対象に選ばれた。

写らなかった降着円盤やジェット

研究チームにとって，今回の成果には予想外の点もあったという。現在広く受け入れられているモデルでは，ブラックホールの周囲には「降着円盤」とよばれるガスの円盤が存在してい

M87の中心部
M87（銀河）の中心付近を可視光線でとらえた画像。左上に銀河の中心があり，そこに超大質量ブラックホールが存在する。そこから右下へのびているのが，ジェットである。

ると考えられている。また，M87にみられるジェットも，その根元は銀河中心のブラックホールにあると推定されている。したがって，EHTでM87のブラックホールを撮影できれば，その周囲には降着円盤やジェットなども写るだろうと期待されていた。だが，今回の画像にはそのような構造は見られなかった。

これについて研究チームは，望遠鏡の配置の都合により写らなかった可能性があると考えている。今後，干渉計を構成する望遠鏡の数をふやすことで，こうした広がった構造も撮影できるかもしれない。

また今回の観測は，事象の地平面というきわめて重力の強い場所でも一般相対性理論が適用できるかどうかを検証する機会でもあった。今回の観測結果は，

一般相対性理論の予測と10%程度しかずれがないという。この10%は観測の精度の問題であり，より精度の高い観測ができれば，ずれはさらに小さくなる可能性がある。

EHTの日本チームのリーダーを務める国立天文台水沢VLBI観測所の本間希樹教授は，「今回の成果は，ブラックホールが光を出さない天体であることを直接示した『百聞は一見にしかず』の結果です。ブラックホールの存在に関して，人類が100年かけて解こうとしてきたパズルの最後の1ピースが，これで埋まったといえます」と述べている。

"究極の闇"といえるブラックホールの観測が，今後の物理学や天文学の発展に光をもたらしてくれることを期待したい。

NASAが公開した
ブラックホールの最新シミュレーション

あざやかな赤や黄に色づけられた光が，中心の黒い穴のまわりを取りかこむようすが目をひく。この画像は，NASAが2019年9月26日に公開した，ブラックホールが実際にどう見えるかをシミュレーションしたものである。

ブラックホールのシミュレーションの専門家である，東京大学宇宙線研究所の川島朋尚特任研究員によれば，この画像は，ブラックホールの"見え方"を細かいところまできれいに示しているという。

ブラックホールはきわめて強い重力をもつため，周囲にある物質や光を引き寄せる。その結果，ブラックホールのまわりには降着円盤（黒い穴の周囲の赤色や黄色の部分）と，光子リング（降着円盤の内側にある細い円）が形成される。

光子リングの内側の黒い空間は，「ブラックホールシャドウ」とよばれる"影"だ。本当のブラックホールは，ブラックホールシャドウの5分の2程度の直径だが，もちろん見ることはできない。

右ページ上に，降着円盤を真上から見たときの画像を示した。降着円盤はブルーレイディスクのように，平面的にブラックホールのまわりに分布していることがわかる。しかし，降着円盤を斜め上から見たとき（右図）は，上下に"コブ"のようなものがみ

える。なぜ，視点がかわるとブラックホールの見え方がかわるのだろうか。川島特任研究員は次のように語る。「ブラックホールの強力な重力は，光の進路さえも曲げてしまいます。私たちは光によってものを見ているため，光の進路が曲がると，私たちにはものがゆがんでいるようにみえるのです」。

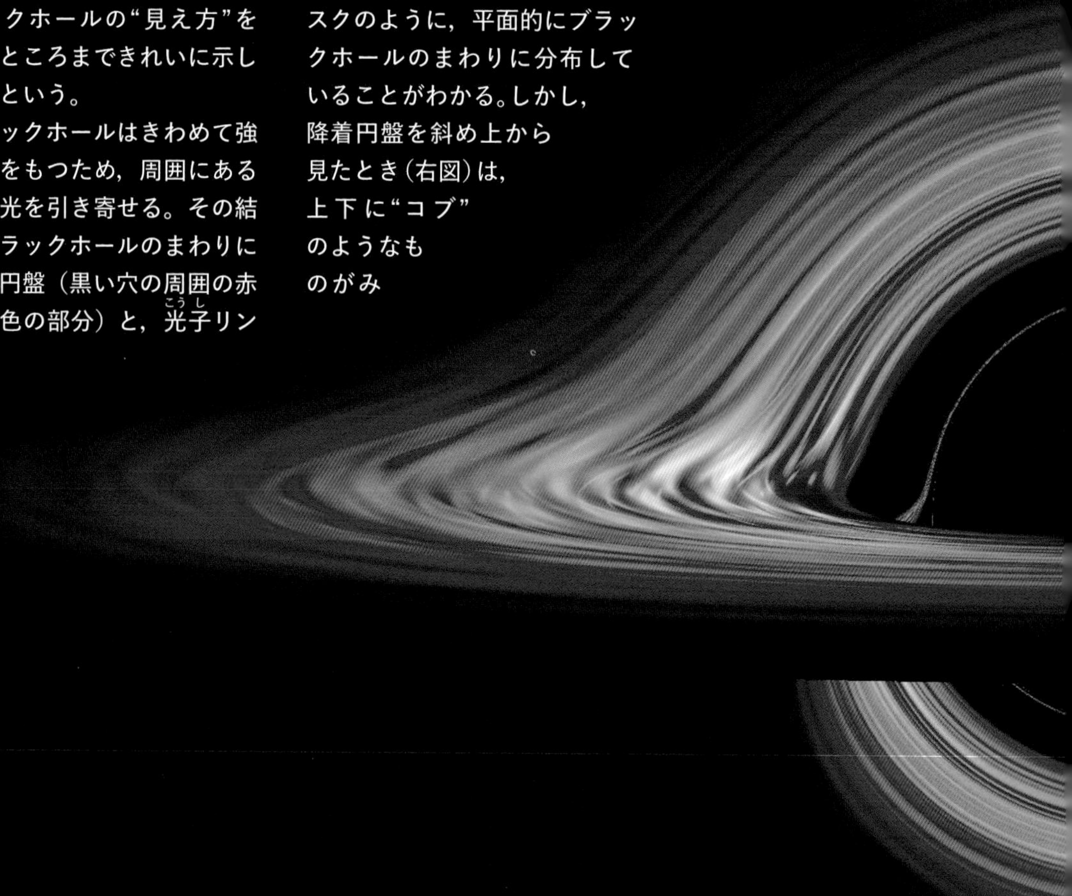

次のページで，ブラックホールがつくる降着円盤と光子リングの見え方を解説しよう。

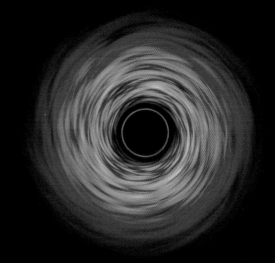

降着円盤を真上から見たときのブラックホール（↑）

降着円盤がブルーレイディスクのように，ブラックホールの周囲に分布している。この降着円盤は，反時計まわりに回転している。降着円盤を斜め上から見たときに出現するコブのようなものはみえない。

降着円盤を斜め上から見たときのブラックホール

ブラックホールの周囲には，降着円盤（外側）と光子リング（内側）が形成される。降着円盤の左右で明るさがことなるのは，特殊相対性理論にもとづいた「光のドップラー効果」とよばれる現象で，降着円盤が反時計まわりに回転していることを意味している。

降着円盤では，プラズマ（電離したガス）が光の速度に近い速さでブラックホールのまわりを周回し，光を発している。通常，真空中において光はまっすぐ進むが，降着円盤から出た光はブラックホールの重力によって進路を大きく曲げられ，観測者の目に届く。その結果，降着

円盤がゆがみ，上下にコブのような構造があるようにみえるわけだ。このように，重力によって光の進路が曲げられる現象を「重力レンズ効果」とよぶ。重力が，レンズのように光を曲げるはたらきをするからだ。

実は，光子リングもブラックホールの重力の作用によってで

きる。降着円盤のプラズマから放たれた光のうち，一部は重力の作用を受けてブラックホールに近いところを周回しはじめる。しかし，この光の周回はかなり不安定であるため，何周かまわったあとにブラックホールから遠ざかる方向に"脱出"する。その光が観測者に届くと，

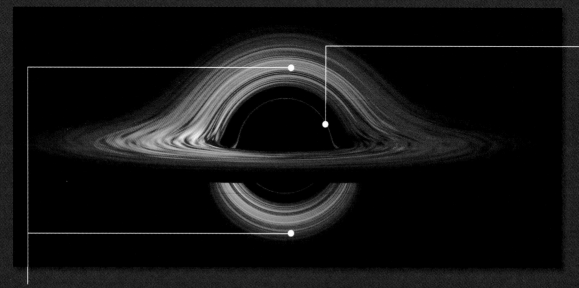

上下に"コブ"がみえるしくみ

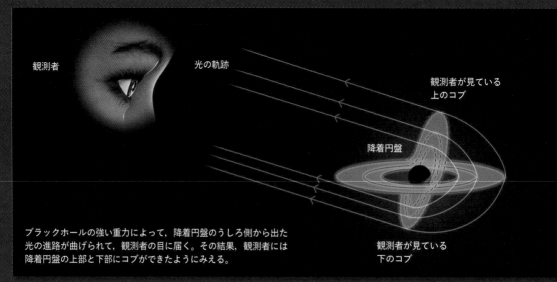

観測者

光の軌跡

観測者が見ている
上のコブ

降着円盤

観測者が見ている
下のコブ

ブラックホールの強い重力によって，降着円盤のうしろ側から出た
光の進路が曲げられて，観測者の目に届く。その結果，観測者には
降着円盤の上部と下部にコブができたようにみえる。

光子リングとしてみえるのだ（右ページ図・上段）。

　NASAのシミュレーション画像の光子リングをよく見ると，リングが二つあることがわかる（内側のリングは非常に細い点線にしか見えない）。外側の光子リングの光は，ブラックホールをおよそ半周まわってから脱出したもの，内側の光子リングの

光は，約1周以上まわってから脱出したものであるという。

　川島特任研究員によると，「M87」のブラックホールは，NASAのシミュレーション画像のブラックホールとことなるタイプの降着円盤をもっているという。NASAのブラックホールは「標準円盤」とよばれるタイプで，ガスの密度が高く，明る

く輝く。これに対し，M87のブラックホールは，「放射不良円盤」とよばれるタイプの降着円盤をもつ。放射不良円盤はガスの密度が低く，暗いため，画像を検出するにはEHTのアップデートや，ほかの波長での観測等が必要だ。近い将来には，観測が可能になることが期待されているという。

光子リングがみえるしくみ

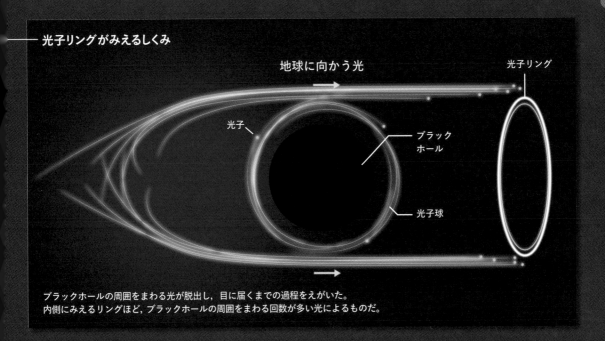

地球に向かう光　光子リング　光子　ブラックホール　光子球

ブラックホールの周囲をまわる光が脱出し，目に届くまでの過程をえがいた。
内側にみえるリングほど，ブラックホールの周囲をまわる回数が多い光によるものだ。

標準円盤の断面

・NASAのシミュレーションのブラックホール
・ガスが周囲から降り積もる（引きこまれる）量が多い
・ガスがぎっしり詰まっている（密度が高い）
・薄い
・明るい

放射不良円盤の断面

・「M87」（銀河）のブラックホール
・ガスが降り積もる（引きこまれる）量が少ない
・ガスがすかすか（密度が低い）
・厚い
・暗い

ホーキング博士が予言した「原始ブラックホール」

ブラックホールには二つのタイプがあると述べたが（102ページ参照），ここではそれとはことなる「原始ブラックホール」についてみていこう。

1971年，イギリスの物理学者スティーブン・ホーキング博士（1942〜2018）は「宇宙誕生直後の密度の"ゆらぎ"の中から，原始ブラックホールが生まれた」とする説を発表した。

誕生直後の宇宙は，超高温・超高密度の灼熱の火の玉状態であったと考えられている（ビッグバン）。この時期，宇宙を満たしていた素粒子は，その密度がほとんど一様だったと考えられているが，そこには"ゆらぎ"が存在していた。**そのゆらぎによって，ところどころに密度がきわめて高い部分が生じ，その部分がみずからの重力によって極限までつぶれて，ブラックホールが生まれた可能性があるのだ。**

こうして宇宙誕生から数秒以内に，最小のものは10万分の1グラム，最大のものは太陽質量の数十億倍のものまで，大小さまざまな原始ブラックホールが生まれたはずだという。原始ブラックホールの理論的な研究を行っている立教大学の原田知広教授は，「原始ブラックホールは，いつできたかによってその質量がかわります。宇宙誕生から時間が経過するほど，質量の大きなものが生まれます」と話す。

恒星が誕生したのは，宇宙誕生から数億年後だが，そのはるか以前から，宇宙にはたくさんのブラックホールが存在していたのかもしれない。

> ### 誕生時期で大きさがことなる
> ### 原始ブラックホール（→）

宇宙の最初期に，密度のゆらぎから原始ブラックホールが生まれるようすをえがいた。密度がきわめて高い部分（図で高い山のようになっている部分）は，みずからの重力でつぶれ，原始ブラックホールになると考えられる。宇宙誕生からの時間が経過するとともに，より大きな原始ブラックホールが生まれる。宇宙が膨張するにつれて，密度のゆらぎの幅（波長）も大きくなり，その波長の大きなゆらぎからは，質量の大きな原始ブラックホールが生まれるのだ。

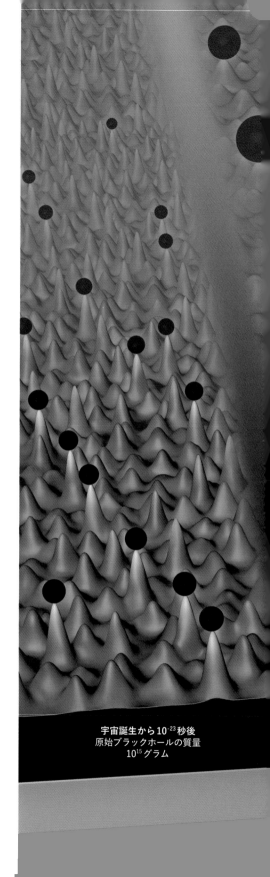

宇宙誕生から10^{-23}秒後
原始ブラックホールの質量
10^{15}グラム

小さな原始ブラックホールは蒸発した？

ホーキング博士は，ブラックホールが光の素粒子である光子などの粒子を放出して徐々に質量を失い，"蒸発"することを理論的に明らかにした。これを「ホーキング放射（ほうしゃ）」という。質量が小さいブラックホールほど蒸発する速度は速くなり，極端に小さなブラックホールは，はげしくガンマ線（高いエネルギーをもつ光の仲間）などを放つ。理論的には，10^{15} グラム（10億トン）以下のブラックホールは，宇宙年齢（138億年）の間にすべて蒸発し，なくなってしまっていると考えられている。

原始ブラックホール

密度のゆらぎ

宇宙誕生から1秒後
原始ブラックホールの質量
10^{38} グラム（太陽質量の10万倍程度）

宇宙誕生から10^{-5}秒後
原始ブラックホールの質量
10^{33} グラム（太陽の質量程度）

宇宙誕生からの
経過時間

宇宙にひそむ
原始ブラックホール

　原始ブラックホールが宇宙にどれくらい存在しうるのかについては，さまざまな方法を使った観測で検証が行われている。たとえば，比較的大きな質量の原始ブラックホールは「重力レンズ効果」の観測で調べることができる。原始ブラックホールの重力がレンズのように作用して，その背後にある星がゆがんでみえたり，明るくみえたりするようすをとらえるのだ。また，小さな原始ブラックホールは，宇宙からやってくるガンマ線の中に，その痕跡が見つかる可能性がある。

ダークマターの正体は
原始ブラックホール？

　この宇宙は，未知の「ダークマター」（28ページ参照）で満ちていると考えられている。実は，その正体が原始ブラックホールではないかという考えがある。1980年代には正体の候補として，光を出さないブラックホールや褐色矮星とよばれる暗い天体（MACHO※）も考えられた。そして，1990年代には天文観測でその痕跡をさがそうという試みがなされていたが，蓄積した観測データからは，MACHOがダークマターの正体である証拠は見つからなかった。

　これまでの研究から，10^{25}グラム（月の質量程度）以上の原始ブラックホールは，すべてのダークマターの量をまかなえるほどは存在しないであろうことがわかっている。反対に，10^{15}グラム以下の小さな原始ブラックホールも，現在までに蒸発したと考えられるため（前ページコラム），ダークマターとはなりえない。

　しかし，原始ブラックホールがダークマターである可能性はまだ残されている。それは，10^{20}グラム前後（月の質量の10万分の1程度）の原始ブラックホールだ。前節に登場した原田教授によれば，このようなサイズの原始ブラックホールは，重力レンズでもガンマ線でも簡単には見つけられない。この見つけにくいサイズの原始ブラックホールがたくさん存在すれば，それがダークマターの正体である可能性があるという。

※：可視光で見えづらい暗い天体の総称。

天の川銀河に，たくさんの原始ブラックホールがひそむようすのイメージをえがいた。観測によって見つけにくいサイズの原始ブラックホールが，宇宙にはたくさん存在している可能性がある。これが，ダークマターの正体かもしれない。

銀河にひそむ原始ブラックホール

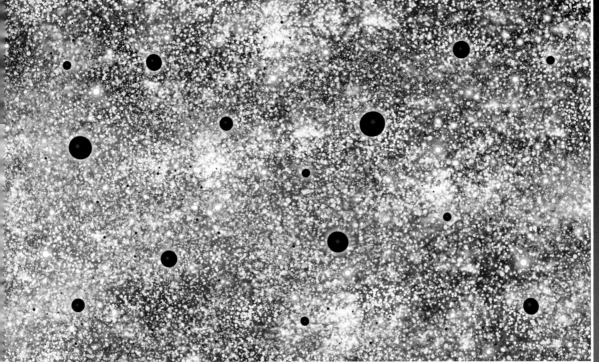

超大質量ブラックホールは
どのようにして誕生したのか

原始ブラックホールは，ダークマター以外にも，宇宙に残された謎を解き明かす可能性を秘めている。その一つは，100ページで解説した「超大質量ブラックホール」の誕生の謎だ。

太陽の数百万〜数十億倍以上ものとてつもない質量をもったブラックホールは，宇宙に散らばるほとんどの銀河の中心に存在することが知られている。ところが，この超大質量ブラックホールがどのようにしてできたのかはわかっていない。近年の観測では，宇宙誕生から6.9億年後に，太陽質量の約8億倍の超大質量ブラックホールが存在していたことがわかっている。138億年の宇宙の歴史からみて，これほど早い時期に，恒星起源のブラックホールを"タネ"にして超大質量ブラックホールをつくるには，時間が足りないと考えられているのだ。

鍵をにぎっているかもしれない
原始ブラックホール

超大質量ブラックホールの誕生については，宇宙初期に巨大なガス雲がつぶれて生まれたなど，いくつかの説があるが，さまざまな質量をもちうる原始ブラックホールが重要な鍵をにぎっているかもしれない。

一つは，超大質量ブラックホールが，原始ブラックホールそのものだという考え方だ。ただし，これはあまり現実的ではないようだ。

原田教授によれば，ほかにも，太陽質量の10万倍といった比較的重い原始ブラックホールを"タネ"として，それが周囲のガスや天体を大量に飲みこむことで，超大質量ブラックホールに成長したという説などが提唱されているという。

原始ブラックホールが
"タネ"となった？

ほとんどの銀河の中心には，超大質量ブラックホールが存在するが，これらがどのようにして生まれたのかは大きな謎だ。もし，太陽の10万倍程度の原始ブラックホールが存在すれば，それを"タネ"にして，周囲のガスを大量に取りこみ，超大質量ブラックホールとなった可能性がある。

太陽の10万倍の質量をもつ
原始ブラックホール

ガス

超大質量ブラックホール

原始ブラックホールは
本当に存在するのか

ブラックホールのような超高密度の天体が衝突したとき，空間のゆがみが波となって宇宙に広がる。この「重力波」の観測などで見つかったブラックホールが，恒星起源なのか，宇宙の最初期に“ゆらぎ”から生まれた原始ブラックホールなのかを区別することはできるのだろうか。東京工業大学の須山輝明准教授（当時の所属は東京大学）によれば，原始ブラックホールを見分ける方法はいくつか考えられるが，そのうち最も確実なのは，**太陽よりも小さな質量をもったブラックホールを見つけることである**という。

恒星起源のブラックホールは，太陽の25倍以上の質量をもつ恒星から生まれると考えられている。そうして生まれるブラックホールの質量は，太陽の質量以上になる（102ページ参照）。**一方，原始ブラックホールの質量には，そのような制限はなく，太陽の質量よりも小さい**ものがありえる。そのため，太陽よりも小さな質量をもったブラックホールを見つけられれば，それはほとんど確実に原始ブラックホールといえるわけだ。

遠くのブラックホールは原始ブラックホール

原始ブラックホールの存在を確かめる方法はほかにもある。須山准教授は「それは，ものすごく遠いところにあるブラックホールを見つけることです」と

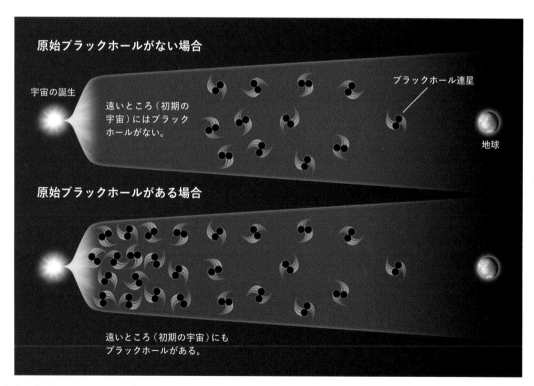

原始ブラックホールがない場合

宇宙の誕生

遠いところ（初期の宇宙）にはブラックホールがない。

ブラックホール連星

地球

原始ブラックホールがある場合

遠いところ（初期の宇宙）にもブラックホールがある。

宇宙の初期におきた原始ブラックホールの合体

宇宙の最初期に原始ブラックホールが生まれなかった場合（上）と，生まれた場合（下）のちがいを示した（イメージ）。原始ブラックホールは宇宙誕生直後から存在するので，重力波などで遠くの宇宙を調べるほど，たくさんの合体現象が見つかるはずだ。もし初期の宇宙でブラックホールの衝突が見つからなければ，原始ブラックホールは，ほとんど生まれなかったのかもしれない。

話す。いったい，どういうことだろうか。

光（電磁波）も重力波も，その速度は有限なので，天体から放たれた光や重力波が地球へ届くには時間がかかる。そのため，<u>それらを使って宇宙を観測するとき，遠くのものほど過去の姿をとらえていることになる。</u>

過去の宇宙では，現在よりもたくさんの恒星が生まれていたことがわかっている。そのため，恒星から生まれるブラックホールは，遠いものほど多いと考えられている。ところが，さらに過去（宇宙誕生から数億年後よりも前：より遠く）までいくと，逆に恒星起源のブラックホールの合体現象の数は急激に減ると考えられている。これは，その時期は宇宙に恒星ができたばかりで，その数が少なかったり，まだ死をむかえた恒星が少なかったりして，ブラックホールがあまりできていなかったためだ。

しかし，もしそうした誕生直後の遠い宇宙でブラックホールの合体現象が見つかったとすると，それは原始ブラックホールによるものである可能性が高い。<u>原始ブラックホールは，宇宙誕生直後の，まだ恒星も存在しなかった時期からたくさん存在しているはずだからだ。</u>

原始ブラックホールの謎の解明をめざして

112ページでみたように，これまでの観測から，10^{20}グラム前後の原始ブラックホールが，ダークマターの正体である可能

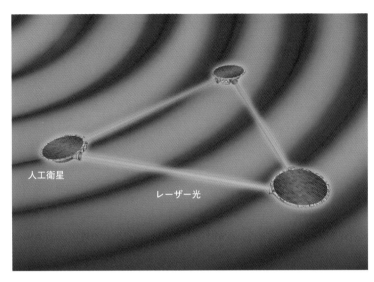

宇宙空間で重力波をとらえる

精力的な重力波の観測が，アメリカの重力波観測装置「LIGO」や，ヨーロッパの「Virgo」で行われている。

日本にも，宇宙空間に「DECIGO」という重力波望遠鏡を置く計画もある。DECIGOは，レーザー発振器とレーザー光を反射する鏡，光検出器を備えた人工衛星3機で構成される。宇宙空間でそれぞれ1000キロメートルの距離をおいて，三角形に配置された人工衛星が，衛星間のごくわずかな距離の変化をとらえ，微小な重力波を検出する。なおDECIGOの前に，必要となる技術を実証するためのより小規模な「B-DECIGO」を打ち上げる計画もあり，こちらは2030年代の実現をめざして進められている。

人工衛星

レーザー光

性がある。須山准教授は，次のように話す。

「もしそうだとすると，たくさんの原始ブラックホールの衝突によって，現在の技術ではとらえることができない高い周波数（しゅうはすう）をもった重力波が，この宇宙に満ちていると考えられます」

宇宙を満たそうした重力波は，大規模構造とよばれるたくさんの銀河の集まりによってつくられる網目（泡）状の構造に影響をあたえるかもしれないという。そうした痕跡を見つけることができれば，原始ブラックホールとダークマターの関係を検証できるかもしれない。

また，前節までに登場した原田（はらだ）教授によれば，原始ブラック

ホールには，理論的にもわかっていないことがまだまだたくさんあるという。原田教授は，次のように話す。

「たとえば原始ブラックホールには，自転しているものがあると考えられています。どのような時期に生まれた原始ブラックホールが，どのように自転しているのかといったことが理論的にわかってくれば，観測で得られたデータを検証するのに役立ちます」

古くて新しい謎の天体，原始ブラックホール。その存在からダークマターの正体をさぐる研究が，今まさに進められているのである。

銀河の衝突
そして進化

協力　柏川伸成／嶋作一大／森 正夫

　宇宙には多種多様な銀河が存在する。これらの銀河がどのように
誕生し，進化してきた（していく）のかについては，多くのことが
明らかになっている。そして，ほぼ確実におこるとされているのが，
天の川銀河とアンドロメダ銀河の衝突である。そんな"銀河の未来"
について，最新の研究成果をふまえながら紹介する。

天の川銀河とアンドロメダ
銀河の接近 ①② ……120
衝突を予言する証拠 … 124

銀河は頻繁に衝突している?
………………………… 126
星の誕生……………… 128

衝突の黒幕 ①② …… 130
銀河衝突の終着点…… 134

天の川銀河と
アンドロメダ銀河が接近中

　私たちの天の川銀河に，別の銀河が接近し，衝突しようとしている。その相手は，天の川銀河からおよそ250万光年の距離にある「アンドロメダ銀河」である。

　アンドロメダ銀河は，銀河に含まれる星の数が天の川銀河の2倍ほどあるといわれる巨大な渦巻銀河だ。アンドロメダ銀河をくわしく観測すると，どうや

らこちらに向かって猛スピードで近づいているらしいのだ。

　NASAの「ハッブル宇宙望遠鏡」を使った観測によると，アンドロメダ銀河と天の川銀河は，1秒間に約109キロメートルの速さで接近中だという。これは，1年間に約34億キロメートル（約0.00036光年）近づいている計算になる。

　距離がせばまるにつれて，た

がいにおよぼしあう重力が強くなるため，接近速度は速くなっていくと予想される。そして，このまま接近がつづけば，およそ37億〜38億年後には，両銀河は衝突をはじめるだろうと考えられている。

　衝突すると両銀河はどうなってしまうのだろうか。次節から，その"運命"をみていこう。

天の川銀河（銀河系）
直　径：約10万光年
星の数：数千億個
質　量：太陽約1兆個分※
形　状：棒渦巻銀河

※：銀河の質量には，星や星間ガスのほか，
　　ダークマターの質量も含む。

太陽の位置

天の川銀河

両銀河の距離は約250万光年

アンドロメダ銀河（M31）
直　径：約22万〜26万光年
星の数：天の川銀河の2倍程度※
質　量：天の川銀河の2倍程度
形　状：渦巻銀河

※：銀河の星（恒星）の数や重さ（質量）を
　　正確に求めることはむずかしく，両銀河
　　とも正確な数値はわかっていない。

アンドロメダ銀河

二つの銀河は
今後60億年の間に衝突をくりかえす

NASAの研究者らによると，天の川銀河とアンドロメダ銀河の衝突は，たがいの形が大きく変化するはげしいものになると予想されている。ここでは，今後約60億年にわたるその経過を示した。

銀河は星（恒星）の集団であり，星どうしの間隔はとても広いため，銀河が衝突しても星どうしがぶつかることはまれだ。ただし，たがいを通り抜ける際に，銀河の構造は大きく乱れる。相手の銀河の重力の影響を受けて，それぞれの星の運動が変化するのだ。

いったん通り抜けて距離が開いても，たがいの重力によって引きあい，ふたたび接近する。こうして衝突をくりかえし，二つの銀河は一つにまとまっていくのである。そして約60億年後，両者は一つの巨大な楕円銀河になると考えられている。

約47億年後
一度遠ざかった両銀河は，いったんはくずれた渦の形を復活させながら，たがいの重力に引き寄せられて，ふたたび近づきはじめる（↘）。

アンドロメダ銀河

アンドロメダ銀河

アンドロメダ銀河

天の川銀河

現在（↓）
たがいの重力で引きあい，天の川銀河とアンドロメダ銀河は接近する。

天の川銀河

天の川銀河

アンドロメダ銀河

約37億〜39億年後
約37億年後に銀河の端のほうで衝突がはじまり，約39億年後に中心部が衝突する。最接近時の速度は，秒速600キロメートル近くになるという。基本的に星どうしはぶつからず，たがいの銀河を通り抜ける。また，たくさんの新しい星が生まれる。

約40億年後
二つの銀河はたがいの銀河を通り抜けたあと，接近の勢いにより遠ざかっていく。また，たがいの重力の影響を受けて，形が大きくくずれる。衝突時に生まれた新しい星々は，それぞれの銀河とともに移動する（↑）。

約60億年後（→）

二つの銀河は，合体して一つの楕円銀河になる。渦巻銀河だったときは，内部の星々は銀河円盤内を比較的規則正しく回転していたが，楕円銀河になるとそういった特定の運動方向はなくなる（各自ばらばらな方向へ動く）。

アンドロメダ銀河

天の川銀河

約56億年後（↑）

二つの銀河は，衝突→通り抜け→再接近→衝突→…という一連の流れを何度もくりかえし，一つの銀河にまとまっていく。衝突をくりかえすたびに形がくずれ，渦巻き構造は失われていく。

約51億年後（↑）

2度目の衝突がおきる。1度目の衝突のときと同じく，接近の勢いで両銀河はたがいを通り抜ける。そして，やはりたがいの重力で引きあい，再度接近する。

天の川銀河

星の大集団がくり広げるはげしい衝突劇

　天の川銀河とアンドロメダ銀河が衝突し，合体するまでの過程を示した。各場面の縮尺は同じではなく，約40億・約47億年後の場面をとくに大きくえがいている。

　天の川銀河とアンドロメダ銀河のように，同程度の規模の渦巻銀河が合体すると，両銀河がもともともっていた渦は消失する。なお，大きな渦巻銀河に小規模な銀河が衝突した場合は，大きな銀河がもっていた回転の勢いはほとんど弱まらず（渦巻き構造はくずれず），小さな銀河が吸収される形になるという。

＊参考：NASAのプレスリリース　https://hubblesite.org/contents/news-releases/2012/news-2012-20.html

二つの銀河の衝突を予言する確かな証拠がある

天の川銀河とアンドロメダ銀河が将来衝突する可能性については，1970年代から複数の天文学者が指摘していた。ただし，それはあくまでも一つの可能性にすぎず，確かな証拠はなかった。しかし，銀河の形成理論を研究する筑波大学の森正夫准教授によれば，**2012年にNASAを中心とした研究グループがアンドロメダ銀河の動きを精度よく突き止めたことにより，ほぼ確実になったという。**

銀河が近づいているかどうかは，観測者と観測対象（アンドロメダ銀河）を結ぶ方向，すなわち観測者の視線方向の銀河の動きを調べることでわかる。

視線方向の銀河の動きは，比較的簡単に，精度よく求めることができる。それは，銀河から届く光に生じるドップラー効果を利用できるからだ。

光（可視光）は，波長が短いほうから，紫，藍，青，緑，黄，橙，赤色をしている（下図）。もし銀河が遠ざかっているのであれば，ドップラー効果によって光の波長は長くなる。もともと黄色だった光は，赤みがかっ

た光として観測されるのだ。これを「赤方偏移」という。逆に銀河がこちらに近づいているようなら，もともと黄色だった光は青みがかって観測される。これを「青方偏移」という。

しかし，銀河から発せられた「本来の色」がわからなければ，観測者は色が変化したのかどうかがわからない。

本来の色を調べるには，原子や分子が放出したり吸収したりする固有の光（スペクトル線）が利用される。たとえば，水素原子が発する光の成分を分析す

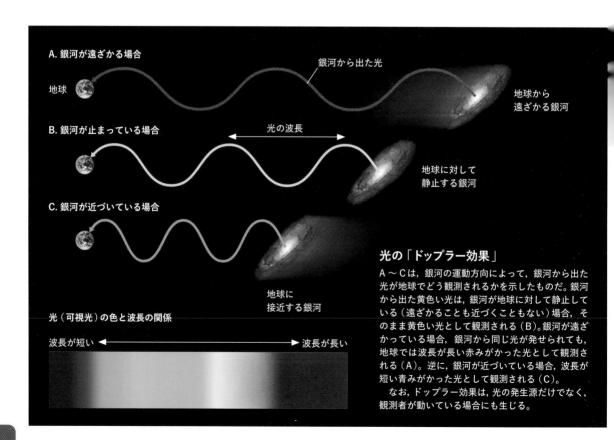

A. 銀河が遠ざかる場合

地球

銀河から出た光

地球から
遠ざかる銀河

B. 銀河が止まっている場合

光の波長

地球に対して
静止する銀河

C. 銀河が近づいている場合

地球に
接近する銀河

光（可視光）の色と波長の関係

波長が短い　　　　　　　　　　　波長が長い

光の「ドップラー効果」

A〜Cは，銀河の運動方向によって，銀河から出た光が地球でどう観測されるかを示したものだ。銀河から出た黄色い光は，銀河が地球に対して静止している（遠ざかることも近づくこともない）場合，そのまま黄色い光として観測される（B）。銀河が遠ざかっている場合，銀河から同じ光が発せられても，地球では波長が長い赤みがかった光として観測される（A）。逆に，銀河が近づいている場合，波長が短い青みがかった光として観測される（C）。

なお，ドップラー効果は，光の発生源だけでなく，観測者が動いている場合にも生じる。

ると，赤や青，紫などの特定の波長（色）をとくに強く含むことがわかっている。水素はごくありふれた元素なので，**銀河から届く光の中には，基本的に水素原子が出す光が含まれている。そして，水素原子自体のスペクトル線の波長は，宇宙のどこだろうとかわらない。**そのため，銀河から届いた光の中に含まれる水素原子のスペクトル線が，赤と青のどちら側にずれているかを調べることで，ドップラー効果の影響を知ることができるというわけだ。

アンドロメダ銀河から届くスペクトル線を分析すると，青く変化している。つまり，こちらに接近しているのだ。NASAによると，アンドロメダ銀河はこちらに向かって秒速109.3キロメートルで近づいているという（視線方向の速度，誤差は±秒速4.4キロメートル）。

7年がかりの観測で移動速度を割りだした

アンドロメダ銀河が天の川銀河に衝突するかどうかを判断するには，横方向（視線方向と垂直な方向）の動きを知ることも必要だ。もしアンドロメダ銀河が横方向に大きく動いているようであれば，天の川銀河とは衝突せずに，近くを通りすぎていくだけかもしれない。

手前・奥の動きにくらべて，横方向への動きを知ることは格段に困難だ。なぜなら，はるか250万光年彼方にあるアンドロ

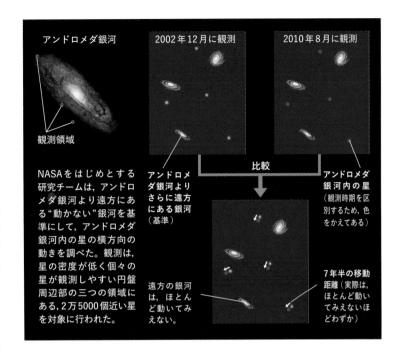

アンドロメダ銀河
観測領域
2002年12月に観測
2010年8月に観測
比較

NASAをはじめとする研究チームは，アンドロメダ銀河より遠方にある"動かない"銀河を基準にして，アンドロメダ銀河内の星の横方向の動きを調べた。観測は，星の密度が低く個々の星が観測しやすい円盤周辺部の三つの領域にある，2万5000個近い星を対象に行われた。

アンドロメダ銀河よりさらに遠方にある銀河（基準）

遠方の銀河は，ほとんど動いてみえない。

アンドロメダ銀河内の星（観測時期を区別するため，色をかえてある）

7年半の移動距離（実際は，ほとんど動いてみえないほどわずか）

メダ銀河は，たとえ横方向に動いていたとしても，距離が遠いため地球からはほとんど動いてみえないからだ。

NASAをはじめとする研究チームはハッブル宇宙望遠鏡を使い，5〜7年半の間にアンドロメダ銀河内の2万5000個近い星々がどう動くかを調べた。アンドロメダ銀河のさらに奥（遠方）にある銀河を基準として，アンドロメダ銀河内の星のわずかな動きを検出したのである（上図）。コンピュータによる画像処理とデータ解析により，画像の1画素（ピクセル）にも満たないわずかな移動も検出され，星の移動距離のデータを大量に集めた。そして，統計的な処理を行うことで，アンドロメダ銀河全体としての横方向への

移動速度を割りだした。

その結果，**アンドロメダ銀河は横方向に，秒速17.0キロメートルの速さで動いていることがわかったのである。**これは，手前方向への速度（秒速109.3キロメートル）の約16%の速度だ。研究チームは，天の川銀河とアンドロメダ銀河との間の重力や現在の距離などを考慮し，この速度であれば，両銀河が衝突する可能性は高いと結論づけたのである。

なお，横方向の移動の検出はむずかしいため，視線方向の移動速度にくらべて，その誤差は大きくなる。大量の星のデータを統計処理した際の誤差を考えると，横方向に秒速30キロメートルほどで動いている可能性もあるという。

現在の宇宙では
数％の銀河が衝突している

宇宙において，銀河の衝突は決してめずらしい現象ではない。そしてその割合は，地球から遠く（過去）に観測される銀河ほど高いという※。

銀河の進化の歴史を研究する東京大学の嶋作一大准教授は，「昔は，小さな銀河どうしが頻繁に衝突と合体をくりかえしていたと考えられます。銀河は，衝突と合体をくりかえすことで大きな銀河へと進化してきたのです」と話す。

観測にもとづき，銀河が衝突する頻度を計算すると，100億年以上前は実に10％以上の銀河が衝突中だったという。その後，銀河の合体が進むにつれて衝突の頻度は減っていき，現在は数％ほどになったといわれている。なお，宇宙が誕生したのは約138億年前で，130億年ほど前には初期の銀河ができていたと考えられている。

天の川銀河とアンドロメダ銀河も，それぞれ別の銀河との衝突・合体を経て，現在の姿に進化してきたと推測される。ただし，過去にどのような銀河と合体してきたのかを正確に知ることはむずかしい。いったん合体してしまうと，合体前の銀河の情報がほとんど残らないからだ。

一方最新の観測では，天の川銀河が約100億年前に，比較的小さな銀河との衝突を経験した痕跡が発見されている。その銀河は「ガイア・エンケラドス」と命名され，現在この衝突について詳細な研究が進められている。

※：遠くにある銀河ほど，そこから地球に光が届くまでに時間がかかる。つまり，それだけ昔の銀河であることを意味する。

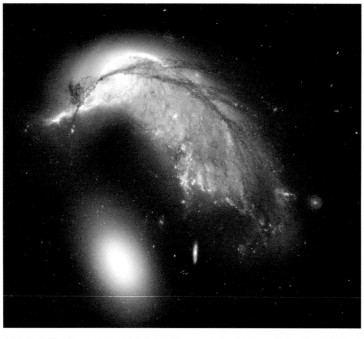

（↑）渦巻銀河「NGC 2936」（上）と楕円銀河「NGC 2937」（下）が接近している。楕円銀河の重力の影響で，渦巻銀河が大きく変形した。地球からの距離は約3億光年。

右上の画像は，衝突のまっただ中にある渦巻銀河「NGC 6050」（左）と「IC 1179」（右）。地球からの距離は約4億5000万光年。

右下の画像は，四つの銀河が衝突している「ESO 255-7」。最も上の銀河は一つにみえるが，二つの銀河から構成されている。地球からの距離は約5億5000万光年。

衝突する銀河

下に示したのは，ハッブル宇宙望遠鏡によって撮影された衝突中の銀河の画像。1対1の衝突だけでなく，時に三つ以上の銀河が同時に衝突することもある。

　衝突と合体によって銀河は成長し，その形も変化する。衝突前後で銀河の形がどう変化するのか，その法則性はよくわかっていない。なお銀河の成長方法としては，銀河どうしの衝突以外にも，銀河の重力によって周囲から物質を引き寄せ，それらを材料に新たな星をつくるという方法がある。

渦巻銀河「M51」（左）と矮小銀河「NGC 5195」（右）。右側の小さな銀河が衝突した影響で，左の渦巻銀河の星形成が活発になっている可能性があるという。地球からの距離は約3100万光年。

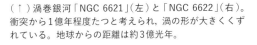

（↑）渦巻銀河「NGC 6621」（左）と「NGC 6622」（右）。衝突から1億年程度たつと考えられ，渦の形が大きくくずれている。地球からの距離は約3億光年。

（↗）楕円銀河（左下）と不規則銀河（右上）からなる「NGC 454」。衝突初期だと考えられるが，すでにかなり変形している。地球からの距離は約1億6400万光年。

銀河が衝突すると膨大な星が誕生する

銀河どうしが衝突するとき，内部にある恒星どうしはぶつからないのだろうか。

下に，一般的な渦巻銀河の断面図を示した。星は中心部に密集しており，基本的に外側にいくほど星の数は少なくなることがおわかりいただけるだろう。

星と星との距離は，中心部で約0.03光年（約2800億キロメートル）だ。周辺部では，その距離が約100倍（約3光年：約28兆キロメートル）に広がる。

星を直径6.6センチメートルのテニスボールに置きかえると，密集する中心部であっても，最寄りのテニスボールまで約13.5キロメートル離れている

ことになる。これでは銀河が衝突しても，星どうしはまずぶつからないだろう。

星間ガスが濃縮されて新たな星が誕生する

一方，星のようには通り抜けられないものもある。それは，「星間ガス」だ。

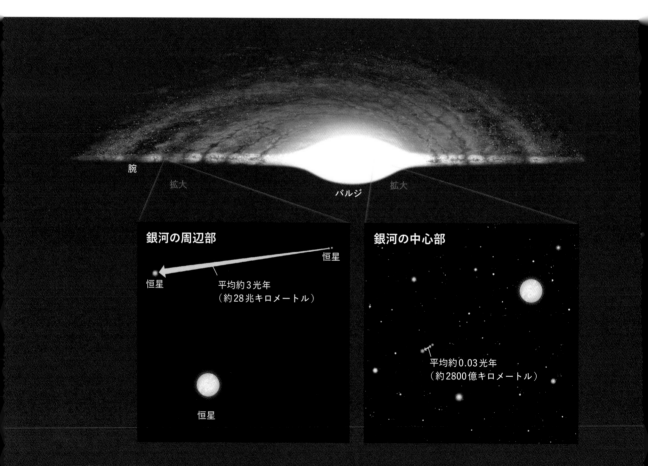

腕　拡大　バルジ　拡大

銀河の周辺部
恒星

恒星
平均約3光年
（約28兆キロメートル）

恒星

銀河の中心部

平均約0.03光年
（約2800億キロメートル）

渦巻銀河の断面

一般的な渦巻銀河の断面と，星の密度を示した。渦巻銀河において，星が密集するのは中心部のバルジである。その周辺部は，星が多い部分と少ない部分に分かれており，星が多い部分は腕（渦状腕：かじょうわん）とよばれる。

下段には，銀河の周辺部と中心部の星の密度を，同じ広さの空間内にある星の数で模式的に表現した（星の大きさは誇張してえがいている）。一見，星が詰まっているようにみえる銀河だが，実際は"すかすか"だといってもよいだろう。

　銀河内にある星と星の間には何もないわけではなく、水素を中心とする気体（星間ガス）が薄く広がっている。銀河内の星間ガスの平均的な密度は、1立方センチメートルあたり原子（もしくは分子）1個程度だ。星間ガスは場所によって濃淡があり、渦巻銀河の場合、腕の部分に多く存在する。

　銀河どうしが衝突すると、それぞれがもっていた円盤上に広がる星間ガスはぶつかり、濃縮される（ガスの密度は数万倍にも上昇するといわれている）。

　星間ガスは、星の材料となる物質だ。**星間ガスの密度が一定以上に高まると、ガス自身の重力によって、ガスのかたまりは収縮をはじめる。そして、小さな"星のタネ"（原始星）ができる。**原始星は周囲のガスを取りこんで成長し、やがて恒星になる。

　現在の天の川銀河の円盤では、1年間におよそ太陽質量2個分の星が新たにつくられているといわれるが、銀河の衝突では、1年間に太陽質量数十〜数百個もの星が生まれるという。

　銀河が衝突すると、二つの銀河の星の数が足しあわされるだけでなく、銀河のもっていたガスが濃縮されることで新たな星がたくさん生まれる。こうして銀河は、その規模や形を進化させていくのである。

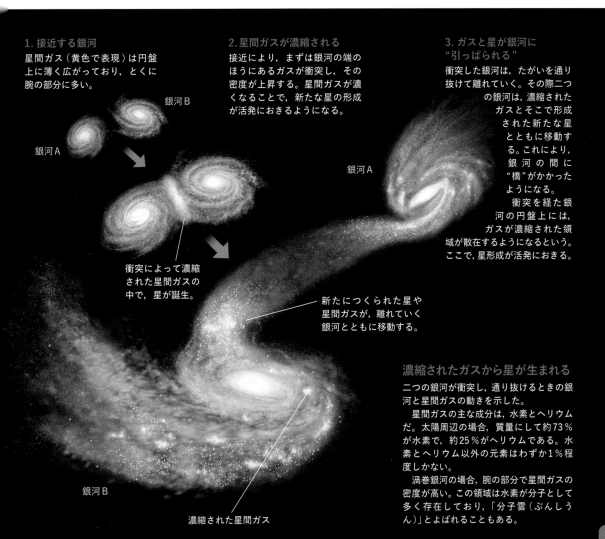

1. 接近する銀河
星間ガス（黄色で表現）は円盤上に薄く広がっており、とくに腕の部分に多い。

2. 星間ガスが濃縮される
接近により、まずは銀河の端のほうにあるガスが衝突し、その密度が上昇する。星間ガスが濃くなることで、新たな星の形成が活発におきるようになる。

3. ガスと星が銀河に"引っぱられる"
衝突した銀河は、たがいを通り抜けて離れていく。その際二つの銀河は、濃縮されたガスとそこで形成された新たな星とともに移動する。これにより、銀河の間に"橋"がかかったようになる。
　衝突を経た銀河の円盤上には、ガスが濃縮された領域が散在するようになるという。ここで、星形成が活発におきる。

銀河B
銀河A
銀河A
銀河B

衝突によって濃縮された星間ガスの中で、星が誕生。

新たにつくられた星や星間ガスが、離れていく銀河とともに移動する。

濃縮された星間ガス

濃縮されたガスから星が生まれる
二つの銀河が衝突し、通り抜けるときの銀河と星間ガスの動きを示した。
　星間ガスの主な成分は、水素とヘリウムだ。太陽周辺の場合、質量にして約73％が水素で、約25％がヘリウムである。水素とヘリウム以外の元素はわずか1％程度しかない。
　渦巻銀河の場合、腕の部分で星間ガスの密度が高い。この領域は水素が分子として多く存在しており、「分子雲（ぶんしうん）」とよばれることもある。

ダークマターは
銀河と銀河を接近させる"黒幕"

この宇宙には，銀河の接近と衝突をうながす"黒幕"が存在する。それが，ダークマターである。ダークマターは宇宙に普遍的に存在するが，場所によって濃淡があり，銀河をすっぽりと包みこむようにかたまって分布していると考えられている。このかたまりは，ダークハローとよばれる（26ページ参照）。

ダークマターは，中心にある銀河の大きさの10倍以上の範囲に広がっており，その質量は，銀河にある星の合計質量の10倍以上になる。また，銀河の集まりである銀河団も，全体が広くダークマターにおおわれているという。

銀河の動きは，圧倒的質量をもつダークマターの動きに左右される。銀河どうしを近づけて衝突させたり，集団にしたりするのも，ダークマターなのだ。

ダークマターの中で
最初の星々が生まれた

約138億年前，誕生して間もない宇宙空間には，ダークマターも普通の物質も，ほぼ一様に分布していたと考えられてい

ダークハローに包まれる銀河

銀河を包むようにかたまり（ダークハロー）をつくるダークマターを，紫色のガスのように表現した。ダークハロー内のダークマターの密度は，銀河がある中心部が最も高い。ダークハローの中には，ダークマターの小さなかたまり（サブハロー）がいくつもただよっていると予想されており，そこに小さな銀河が存在することもあるという。

そもそも，銀河はなぜダークマターに包まれているのだろうか。これは，星や銀河がダークハローの中心付近でつくられたためだと考えられている。

銀河団全体も，ダークマターに包まれている。このかたまりも，一つの巨大なダークハローといえる。なお，一般的に，銀河団の質量のおよそ85％がダークマターによるもので，星の質量は2％ほどしかない（それ以外の質量は，銀河団内に広がるガスなどによるもの）。

銀河を包むダークハロー
（ダークマターのかたまり）

銀河

サブハロー
（ダークマターの
小さなかたまり）

ダークハロー

ダークハロー

る。ただし，完全に一様ではなく，ほんのわずかな濃淡のむらがあったようだ。ダークマターがより濃い部分は，周囲よりも重力がより強くなる。重力が強いところには，まわりの物質が引き寄せられ，集まっていく。

ダークマターの集合が進むと，ダークハローができてくる。そして，小さな（軽い）ダークハローどうしが合体し，大きな（重い）ダークハローへと成長していく。ダークハローの中には，水素などの物質が，高温の希薄なガスとして全体に広がっていたと考えられている。

ダークハローの中に広がる高温のガスは，周囲に電磁波を放出して，少しずつ冷えていくことが知られている（放射冷却）。ガスが冷えると，ガスはダークハローの中心付近に集まる。こうしてできた濃いガス雲の中で（ガスが星の材料となり），宇宙誕生から数億年以内に，第1世代の最初の星たちが誕生したといわれている。

シミュレーションによれば，

もしダークマターが宇宙に存在しなかったら，星形成に十分な量の物質が集まるまでに，もっと時間がかかっただろうと考えられている。すなわち，**宇宙誕生からわずか138億年で，多種多様な銀河が存在する"にぎやか"な宇宙ができあがったのは，ダークマターがあったからなのだ。**私たちが今こうして存在しているのも，ダークマターのおかげだといえる。

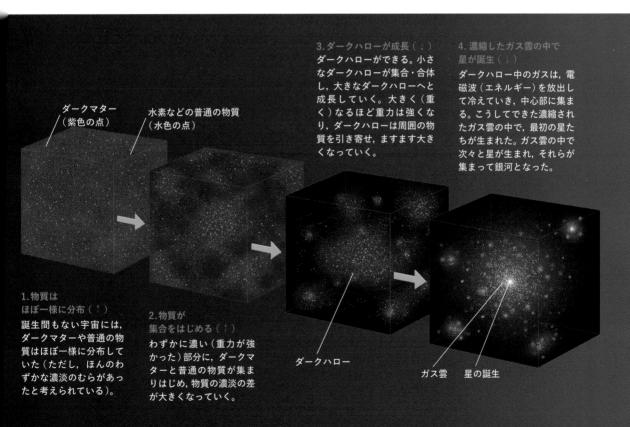

ダークマター（紫色の点）

水素などの普通の物質（水色の点）

3. ダークハローが成長（↓）
ダークハローができる。小さなダークハローが集合・合体し，大きなダークハローへと成長していく。大きく（重く）なるほど重力は強くなり，ダークハローは周囲の物質を引き寄せ，ますます大きくなっていく。

4. 濃縮したガス雲の中で星が誕生（↓）
ダークハロー中のガスは，電磁波（エネルギー）を放出して冷えていき，中心部に集まる。こうしてできた濃縮されたガス雲の中で，最初の星たちが生まれた。ガス雲の中で次々と星が生まれ，それらが集まって銀河となった。

1. 物質はほぼ一様に分布（↑）
誕生間もない宇宙には，ダークマターや普通の物質はほぼ一様に分布していた（ただし，ほんのわずかな濃淡のむらがあったと考えられている）。

2. 物質が集合をはじめる（↑）
わずかに濃い（重力が強かった）部分に，ダークマターと普通の物質が集まりはじめ，物質の濃淡の差が大きくなっていく。

ダークハロー

ガス雲　星の誕生

初期宇宙で最初の星たちが生まれる過程

ダークハローの中で，高濃度に集まった物質（ガス雲）から星が生まれるまでの過程を示した。

第1世代の星の寿命は300万年ほどしかなく，すぐに「超新星（ちょうしんせい）爆発」とよばれる大爆発をおこし，水素やヘリウム，そして星の内部で合成されたこれら以外の元素を，周囲にまき散らしたと考えられている。これらの元素を材料に，濃いガス雲の中ではその後も星が次々と誕生した。宇宙誕生から8億年後（今から約130億年前）には，星が集まり，初期の銀河ができていたようだ。

ダークマターどうしは
ぶつからない

本節では，天の川銀河とアンドロメダ銀河が衝突するまでの過程を，両者を包むダークハローとともにえがいた。

銀河の大きさ（質量）とダークハローの大きさ（質量）は基本的に相関し，ダークハローは銀河の10倍以上の範囲に広がっていると考えられている。ただし，**それがどこまでおよんでいるのかを正確に調べることはむずかしい**（天の川銀河とアンドロメダ銀河についても，ダークハローの形や大きさはよくわかっていない）。

銀河を包むダークハローどうしが"衝突"したとき，星間ガスなどとはことなり，ダークマターどうしはすり抜けると考えられている（ダークマターは，普通の物質ともぶつからない）。なお，ダークマターが周囲の物質におよぼす影響は，重力だけだと考えられている。

さて，ダークハローどうしが"衝突"しても，内部の銀河どうしは必ず衝突するとはかぎらない。ダークハローの中で，複数の銀河が近い距離で共存することもある。**こうしてできた銀河の集団こそが，銀河群や銀河団であると考えられている。**

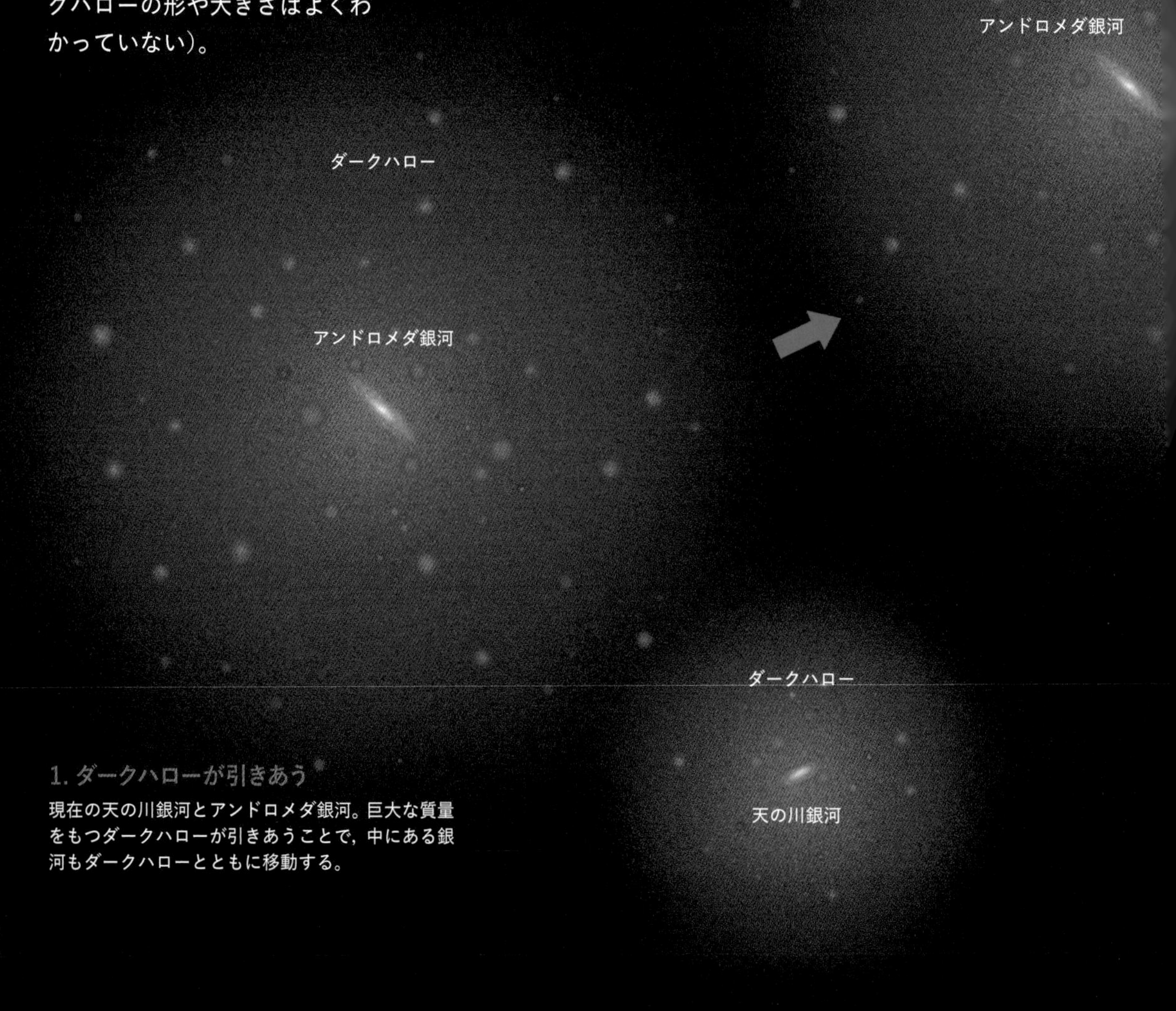

アンドロメダ銀河

ダークハロー

アンドロメダ銀河

ダークハロー

天の川銀河

1. ダークハローが引きあう

現在の天の川銀河とアンドロメダ銀河。巨大な質量をもつダークハローが引きあうことで，中にある銀河もダークハローとともに移動する。

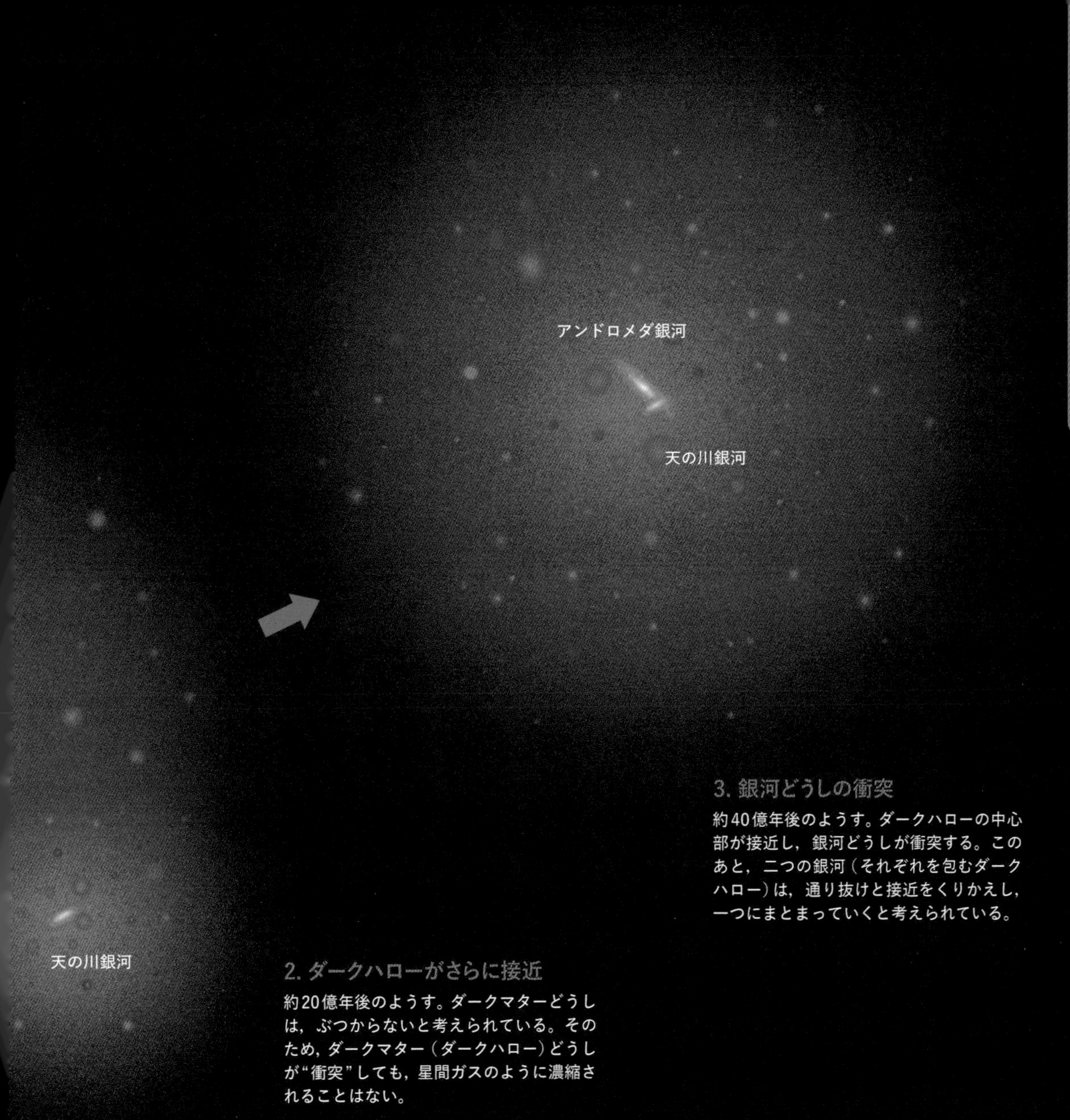

アンドロメダ銀河

天の川銀河

天の川銀河

3. 銀河どうしの衝突

約40億年後のようす。ダークハローの中心部が接近し、銀河どうしが衝突する。このあと、二つの銀河（それぞれを包むダークハロー）は、通り抜けと接近をくりかえし、一つにまとまっていくと考えられている。

2. ダークハローがさらに接近

約20億年後のようす。ダークマターどうしは、ぶつからないと考えられている。そのため、ダークマター（ダークハロー）どうしが"衝突"しても、星間ガスのように濃縮されることはない。

> ### 天の川銀河とアンドロメダ銀河は
> ### すでに衝突している!?

銀河というものを、目にみえる星々だけでなく、ダークハローも含めて考えるとしたら（ダークハローは、銀河の10倍以上の範囲に広がっているとされる）、天の川銀河とアンドロメダ銀河の衝突は、すでに端のほうではじまっているのかもしれない。

銀河の衝突・合体が進むと未来の宇宙はどうなるのか

天の川銀河とアンドロメダ銀河が数十億年後に衝突して楕円銀河になるように，ほかの銀河もいずれは衝突し，合体する可能性が指摘されている。つまり，**銀河群や銀河団の中にある銀河は，将来的に巨大な楕円銀河にまとまっていくというのだ。**

一方，アメリカの天文学者エドウィン・ハッブルは，遠くにある銀河であればあるほど，より速い速度で天の川銀河から遠ざかっていることを発見した。

これは，宇宙空間が膨張しているためだと考えられている。観測によれば，宇宙が膨張する速度は時間がたつにつれ，どんどん速くなっているという（加速膨張）。ちなみに，この宇宙の膨張を加速させていると考えられている未知のエネルギーは「ダークエネルギー」とよばれている。

つまり，銀河群や銀河団の範囲では，銀河をまとめようとする力（ダークマターなどの重力）が，宇宙を加速膨張させようとするエネルギーにまさっている。銀河団をこえるような大きな範囲になると，反対に，加速膨張の効果（加速膨張させようとするエネルギー）のほうが上まわるといえる。

1000億年以上あとの宇宙の姿

1000億年以上先の宇宙は，この「銀河をまとめようとする力」と「宇宙を加速膨張させようとするエネルギー」との力関係により，**巨大な楕円銀河が広大な宇宙にぽつぽつと存在するような"さびしい"宇宙になると考えられている。**宇宙のいたるところでおきてきた銀河衝突は，しだいにおきなくなるようだ。これが，銀河衝突の終着点だといえるだろう。

未来の宇宙の姿（→）

1000億年以上先の宇宙の想像図をえがいた。現在，銀河群や銀河団の中にある銀河は，巨大な楕円銀河に集約されていく。一方で，宇宙の膨張によって銀河のない空間（ボイド）はどんどん大きくなり，遠方の銀河との距離は開いていく。その結果，この図のように，巨大な楕円銀河が非常に遠く離れて分布する宇宙になる可能性があるという。

なお，この想像図は，あくまで現在の宇宙の状況から推測される未来の一つにすぎない。ダークエネルギーの正体と性質がよくわかっておらず，今後，宇宙の加速膨張の程度が変化する可能性も考えられる。

巨大楕円銀河
（銀河群や銀河団の銀河が合体したもの）

ダークハロー

6 章

銀河がつくる宇宙の大規模構造

協力　杉山 直／高田昌広／村山 斉

　とても広い視野で宇宙をみると，銀河どうしが集まり，多数の泡が集まったような構造をつくっている。この「宇宙の大規模構造」がどのようにつくられたのかをさぐったり，この構造をもとに宇宙の未来の姿を推測したりする研究が進められている。

　本章では，大規模構造の構成要素の一つである"ダークマター"についても，あらためてみていこう。

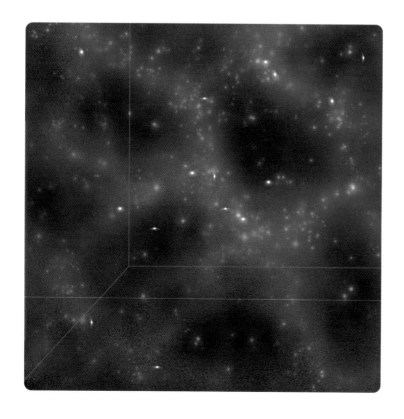

宇宙は"泡"で
満たされている ①② … 138
大規模構造の"タネ"… 142
大規模構造の成長…… 144

取り巻くように分布する
ダークマター ………… 146
鍵をにぎる
「インフレーション」 … 148

大規模構造の観測と
宇宙の将来…………… 150
ダークマターの正体 … 154

無数の銀河がつくる「宇宙の大規模構造」

　銀河は宇宙空間に一様には広がっておらず，密集して分布している領域もあれば，銀河がほとんど存在しない領域もある。

　銀河が密集している部分は，銀河団や超銀河団とよばれる。それらがつながり合った部分は，その形に応じて「フィラメント」（細長い構造）や「シート」（面状の構造）などとよばれる。銀河がさらに集中して壁状に存在する，とくに巨大な構造は，中国にある「万里の長城」にちなんで「グレートウォール※」とよばれる。そして，それらの間にある，銀河がほとんど存在しない部分は「ボイド（空洞）」とよばれる。

　これらを俯瞰で見ると，せっけんやボディソープなどの泡がくっつき合っているようにみえることから，「宇宙の泡構造」や「宇宙の大規模構造（large-scale structure of the universe）」とよばれる。

　「宇宙は，銀河によってつくられる巨大なネットワーク，いわば巨大な"泡"によって満たされています。泡の膜にあたる部分には，多くの銀河が集まっている一方，泡の内部には銀河が少ない領域があります。一つの泡の大きさは，直径1億光年にもなります」

　そう語るのは，宇宙の成り立ちについて研究している，名古屋大学の杉山直博士である。杉山博士によれば，宇宙にはこのような泡構造（大規模構造）が，どこまでもつづいているという。

※：これまでに数個しか見つかっていないが，10億光年に達するものも知られている。

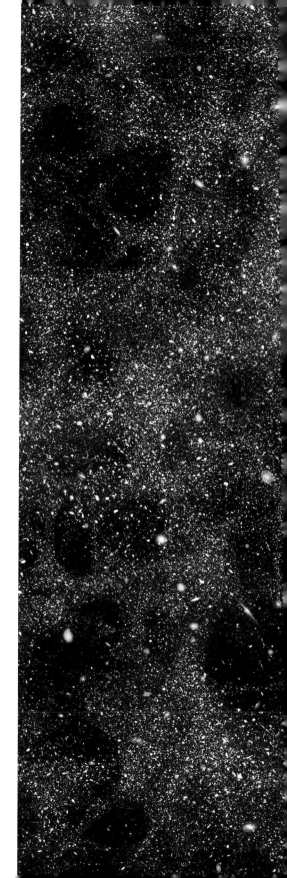

宇宙の大規模構造（→）

観測をもとにつくられた銀河の地図（次節で解説）やコンピュータシミュレーションを参考に，宇宙の大規模構造をえがいた（銀河の大きさは誇張している）。私たちの天の川銀河も，この構造をなす一つの泡の表面に存在している。

銀河

宇宙は"泡"で満ちている

銀河が, 泡構造のどの部分にあるかをわかりやすくえがいた。大陸が地球の表面にあるように, 銀河は泡の表面に分布している。こうした泡がたくさん集まり, くっついてできたものが, 宇宙の泡構造（宇宙の大規模構造）である。

　上図では説明のために, 単独の泡や, 泡の集まりの外側の領域があるかのようにえがいているが, 実際の泡構造はどの方向を見てもどこまでもつづいており, 果てがないと考えられている。

1970年代から80年代にかけて宇宙の大規模構造が明らかにされていった

かつて，銀河がどのように宇宙空間に散らばっているのかを知る人はいなかった。ところが1970年代後半になり，地球から銀河までの距離をはかる研究がはじまると，銀河は宇宙にかたよって存在していることがわかってきた。これは，当時の天文学では予想もしていなかった発見だった。

銀河の距離をはかるには，「赤方偏移サーベイ※」という観測を行う必要がある。この方法は時間がかかるが，アメリカの天文学者マーガレット・ゲラーとジョン・ハクラ（1948 〜 2010）は，一つひとつ地道に銀河を観測した。そして1986年，ついに宇宙の大規模構造を発見したのである。

前節に登場した杉山博士は，「1980年代中ごろ，ちょうど私が大学院で宇宙論の研究をスタートしたころ，宇宙にとても不思議な構造が見つかりました。銀河が集まって，人の形のようなネットワークをつくっていたのです」と話す。

「当時の研究者たちは，このような構造が，いったいどんな力

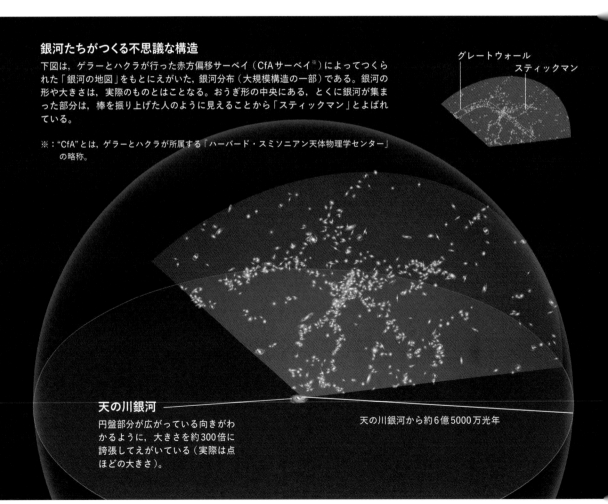

銀河たちがつくる不思議な構造

下図は，ゲラーとハクラが行った赤方偏移サーベイ（CfAサーベイ※）によってつくられた「銀河の地図」をもとにえがいた，銀河分布（大規模構造の一部）である。銀河の形や大きさは，実際のものとはことなる。おうぎ形の中央にある，とくに銀河が集まった部分は，棒を振り上げた人のように見えることから「スティックマン」とよばれている。

※：“CfA”とは，ゲラーとハクラが所属する「ハーバード・スミソニアン天体物理学センター」の略称。

グレートウォール
スティックマン

天の川銀河
円盤部分が広がっている向きがわかるように，大きさを約300倍に誇張してえがいている（実際は点ほどの大きさ）。

天の川銀河から約6億5000万光年

がはたらいてできたのだろうと，いろいろな理論を考えました。私も，宇宙の構造がどんなもので，どうやってできたのかという謎を解明する取り組みに飛びこみました。その後，たくさんの観測にも支えられて，宇宙の構造ができあがる歴史が明らかになってきたのです」

立体的に可視化された
宇宙の大規模構造

　下の画像は，2000年代にはじまった「スローン・デジタル・スカイ・サーベイ（SDSS）」という天文観測プロジェクトで得られた銀河の地図である。明るい点は銀河の位置をあらわしているが，無数の銀河が泡構造の膜をつくっていることがおわかりいただけるだろう。

　SDSSは地球の夜空の約25％を観測し，1億個以上の天体の明るさや位置を観測した。そして，100万個以上の銀河やクェーサー（48ページ参照）までの距離をはかることで，宇宙の大規模構造を可視化している。

　杉山博士によれば，下の画像では，地球（画像の中心）から遠いほど銀河が少なくなっているようにみえるが，本当に銀河の数が少なくなるわけではないという。これは，地球から遠くに存在する銀河ほど，地球に届く光が暗くなり，観測しにくくなるためだ。

※：各銀河と地球の距離を，赤方偏移（124ページ参照）という現象から求める観測方法。

大規模構造はどこまでもつづいている

SDSS（新しい世代の赤方偏移サーベイ）の観測結果をもとにつくられた，銀河分布（大規模構造の一部）の立体地図※。奥行方向にも銀河（点）があるので，"泡"が重なり見えにくくなっている。
　画像の上部や左下の黒い領域は，観測が行われていない。これは，その方向に天の川銀河の円盤が広がっているためだ（多数の恒星でできた銀河円盤の光が観測の邪魔をするため，地球からこの方向の遠くの天体を観測することはむずかしい）。宇宙では，この方向にも大規模構造がつづいていると考えられている。

※：国立天文台4次元デジタル宇宙プロジェクト（4D2U）の「Mitaka」で制作された。Mitakaは，宇宙をさまざまなスケールで立体的に見ることができるソフトウェア（https://4d2u.nao.ac.jp/html/program/mitaka/）。

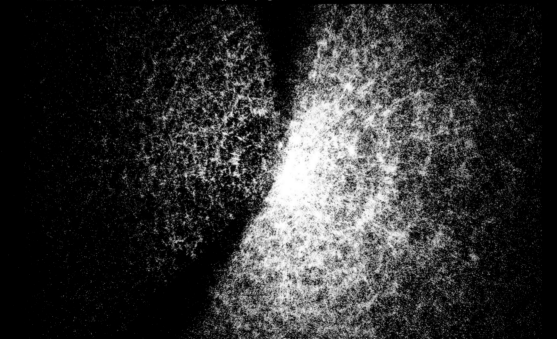

宇宙のはるか遠くに
大規模構造の"タネ"が見つかった

杉山博士は,次のように語る。「大規模構造が見つかったとき,私を含め,多くの科学者が『誕生したばかりの宇宙に大規模構造の起源があったはずだ』と考えました」。

宇宙のはるか遠くを見れば,現在でも初期宇宙のようすを実際に観測できる。たとえば地球から約1億5000万キロメートル離れた太陽の光は,約8分かけて届く。つまり,地球からは約8分前の太陽の姿が見えているわけだ。

現在,宇宙は約138億年前にはじまったと考えられている。

つまり,私たちに届く最も遠くからの光は,約138億年前のものとなる。この初期宇宙の光は「マイクロ波」(電磁波)として届くので,「宇宙マイクロ波背景放射(宇宙背景放射)」とよばれる。

人工衛星によって
大規模構造の"タネ"を発見

「宇宙マイクロ波背景放射自体は,1965年にすでに発見されていました。ところが,そのあと多くの研究者がさがしても,大規模構造の"タネ"らしきも

のは何も見えませんでした。当時,これは大きな謎でした。

でもとうとう,1992年に,高い観測精度をもつ「COBE衛星」によって,宇宙マイクロ波背景放射のわずかな濃淡が見つかりました。それは『初期宇宙の物質の密度の濃淡』でした。これが,大規模構造のタネだと考えられました。

そして,『どうすれば,このわずかな濃淡が大規模構造に成長するのか』という次の謎がもちあがってきたのです」(杉山博士)。

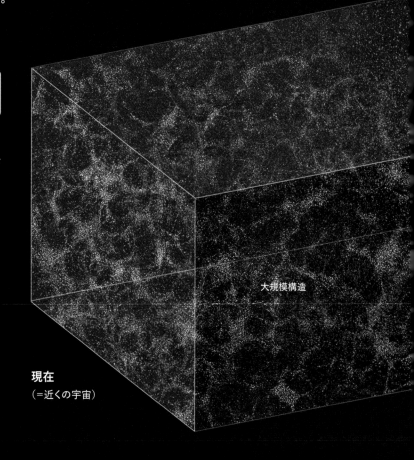

初期宇宙の姿を教えてくれる
「宇宙マイクロ波背景放射」

地球の近くでは,最近の宇宙がみえる。さらに遠くを見ようとすると,大規模構造ができる前の初期宇宙がみえることになる。

大規模構造

現在
(=近くの宇宙)

人工衛星が見た初期宇宙の姿

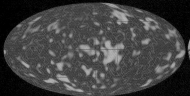

COBE衛星（1992年）

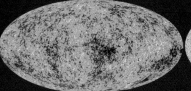

WMAP衛星（2003年）

Planck衛星（2013年）

　上の画像は，人工衛星で観測した初期宇宙の光（宇宙マイクロ波背景放射）の観測から求めた，全天（初期宇宙）の温度分布だ。色のちがいは温度のちがい（温度ゆらぎ）で，COBE衛星の画像は，赤が高温を，青が低温をあらわしている。WMAP衛星（ウィルキンソン・マイクロ波異方性探査機）とPlanck（プランク）衛星の画像は，赤・黄が高温を，青が低温をあらわしている。ただし，その温度の差はわずか0.001％ほどだ。

　COBE衛星は，宇宙マイクロ波背景放射の波長ごとの強度を精密に測定する観測も行った。その結果は，宇宙が火の玉のような状態からはじまったとする「ビッグバン理論」の予測とぴったり一致した。このことから，COBE衛星の成果はビッグバン理論を裏づける強力な証拠になった。また，観測された温度ゆらぎのパターンは，その起源が宇宙初期の「インフレーション」にあることを強く示していた。なおCOBE衛星につづいて，WMAP衛星，Planck衛星により，宇宙マイクロ波背景放射のよりくわしい観測が行われた。

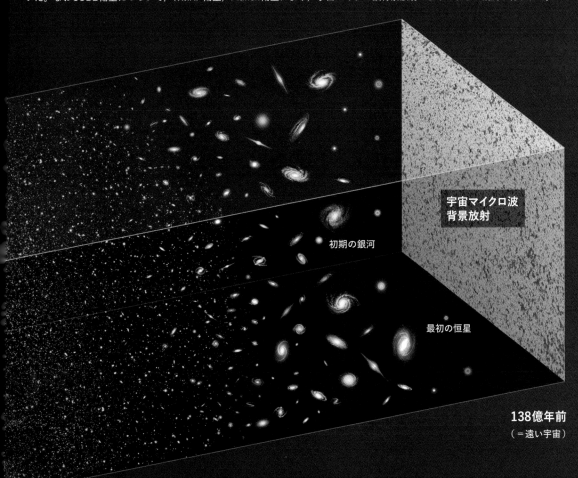

宇宙マイクロ波
背景放射

初期の銀河

最初の恒星

138億年前
（＝遠い宇宙）

初期宇宙の物質のわずかな「密度の濃淡」が
大規模構造へと成長していった

　杉山博士によれば，宇宙がはじまったころは星や銀河がなく，宇宙全体に熱いガスが満ちた「火の玉状態」だったと考えられているという。

　「このころの宇宙は，現在の宇宙とはちがい，非常に均一でした。宇宙がはじまってから約38万年後は，宇宙空間の物質の密度が，高いところと低いところで0.01%ほどしかちがっていなかったことがわかっています。

　この初期宇宙のわずかな物質の密度の差が，大規模構造の"タネ"になりました。**わずかな差が時間がたつ（宇宙が膨張する）につれ大きくなっていくことで，銀河や大規模構造が生まれたのです」**

　宇宙マイクロ波背景放射の観測によって初期宇宙の状態が明らかになると，現在の大規模構造ができる過程をシミュレーションで再現できるようになった。シミュレーションによれば，大規模構造は，おおまかには次のようにしてできたと考えられている。

　「初期宇宙の，密度がわずかに高い領域は**物質が多く存在するので，周囲の物質をほかの場所より重力で強く引きつけ，物質がさらに集まってきます。逆に，密度がわずかに低い領域は，さらに希薄になります。こうして，わずかな密度の差が成長していきます。そして，大きなボイドと銀河や銀河団ができ，大規模構造がつくられたと考えられています」**（杉山博士）

大規模構造が
成長するしくみ（↓）

初期宇宙から，現在の星や銀河のある多様な宇宙ができるしくみをえがいた。

2a ～ c.
密度の差が広がっていく
宇宙全体は膨張しているため，宇宙の「平均密度」はどんどん下がっていく。ただし，物質の密度が高い領域は重力で周囲の物質を引きつけ，より密度が高くなる。密度が低い領域は，さらに希薄になる。

1. 初期の宇宙
初期の宇宙（宇宙がはじまってから約38万年後）には，物質がほぼ均一に分布していたが，場所によって密度にわずかなちがいがあった。

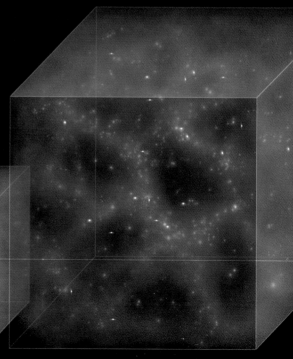

1　　2a　　　　　　　2b　　　　　　　　　　　2c

3. 星や銀河からなる大規模構造ができる（現在）

物質の密度が高い領域では，周囲の物質をどんどん引き寄せていく。やがて，恒星や銀河が誕生する。こうして銀河が泡のように分布し，その中に巨大なボイド（空洞）がある大規模構造ができたのだ。なお，銀河団の物質の平均密度は，宇宙の平均密度の数百倍にもなっている。

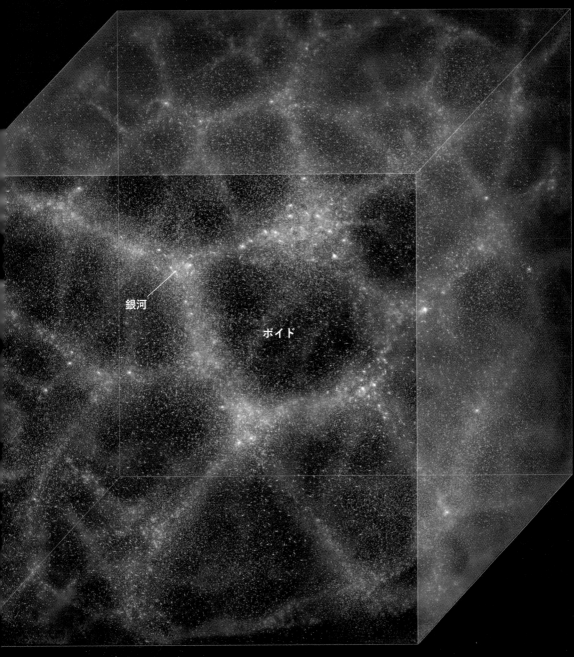

銀河

ボイド

3

大規模構造は
ダークマターの中にある

近年では，光が重力で曲がることによっておきる「重力レンズ効果」などにより，ダークマターが宇宙空間のどこに分布しているのかがくわしくわかるようになった。

たとえば銀河の周囲には，ダークマターが球状に分布している（ダークハロー）。また銀河団も，ダークマターで全体が満たされている。そして宇宙の大規模構造にも，取り巻くようにダークマターが分布していることがわかっている。

最初に集まりはじめたのは
ダークマターだった

杉山博士によれば，ダークマ
ターは大規模構造ができるときに，重要な役割を果たしたと考えられているという。

「宇宙がはじまったころ，普通の物質だけでなく，ダークマターも均一に広がっていて，ごくわずかに密度の差がありました。密度の差はダークマターのほうが大きかったため，まずダークマターが，たがいの重力によって集まりはじめ，それを追いかける形で普通の物質が集まっていったのです。ただしダークマターは，それ自体が集まって星のような天体をつくるまでには至りません」

すなわち，宇宙がはじまったころの高温の環境では，普通の
物質は，宇宙空間を飛びかう高エネルギーの光（電磁波）に邪魔されて集まることができなかった。一方，ダークマターは光の影響を受けないので，集まることができた。ダークマターのほうが先に集まりはじめたことで，ダークマターから大規模構造ができたというのである。

「普通の物質はどんどん集まっていき，ダークマターの大規模構造の内側に入りこみます。とくに高密度に普通の物質が集まった場所では，星や銀河が誕生します。こうして，大規模構造は成長していったのです」（杉山博士）

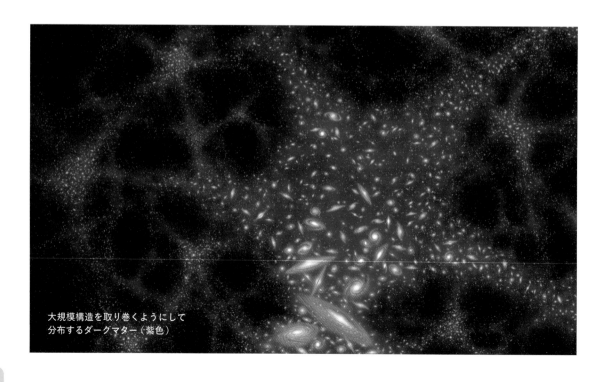

大規模構造を取り巻くようにして
分布するダークマター（紫色）

1. ダークマターや普通の物質が
均一に分布している

2. ダークマターが先に集まる

星や銀河はダークマターの "ゆりかご" の中で誕生した

ダークマター（紫色）や普通の物質（水色）が，
大規模構造を形成していった過程をえがいた。
　初期宇宙では，ダークマターや普通の物質が
非常に均一に分布していたが，場所によってわ
ずかに密度の差があった（1）。ダークマター
が，たがいの重力によって集まりはじめる。普
通の物質は，ダークマターの重力に引き寄せら
れて，ダークマターよりも遅れて集まりはじめ
る（2）。普通の物質はダークマターのかたまり
の内部に入りこみ，ダークマターよりも高密度
に集まっていく。やがて，普通の物質がとくに
高密度に集まった領域で星や銀河が誕生し，現
在のような大規模構造ができた（3）。

3. 普通の物質が集まり
星や銀河ができる

大規模構造の"タネ"は,なぜできた?
鍵をにぎる「インフレーション」

大規模構造は,初期宇宙の普通の物質の密度の濃淡が成長してできたとされている。では,そもそもその密度の濃淡(大規模構造の"タネ")はどのようにしてできたのだろうか。

このことを説明する仮説として,「インフレーション理論」が有力視されている。

インフレーション理論は,誕生直後のミクロな宇宙が,10^{-36} 〜 10^{-34}秒後までの間に急激な膨張をしたと説明する。ミクロな宇宙は,高い真空のエネルギーをもっていた。宇宙はこのエネルギーによって,すさまじい急膨張(インフレーション)をおこした。そしてインフレーションが終わると,さまざまな物質が生成されたという。

「ミクロな世界の理論である『量子論』によれば,ミクロな世界ではあらゆるものが

ゆらいでおり,ミクロな宇宙でもエネルギーの大きさが場所ごとにことなり,ゆらいでいました。

インフレーションでは,一気に宇宙スケールに拡大しました。宇宙空間が,1兆分の1×1兆分の1×100億分の1秒間に,1兆×1兆×100万倍にも膨張したのです。

この急膨張は,真空のエネルギーのゆらぎによって,場所ごとにその膨張の程度にちがいが生まれました。膨張が少なかった場所は,ほかより物質が残ったので,インフレーション終了後にわずかな物質の濃淡が,つまり大規模構造の"タネ"ができたと考えられているのです」(杉山博士)

1. ミクロな宇宙

生まれたてのミクロな宇宙にはエネルギーが満ちており,エネルギーの大きさは場所によってわずかにことなっていた(ゆらいでいた)。このゆらぎは,ミクロな世界の理論である量子論にもとづいておきる現象で「量子ゆらぎ」という。

2. インフレーションにより宇宙が急膨張した(→)

その後,ミクロな宇宙は急膨張した。このとき,ミクロな宇宙にあったエネルギーのゆらぎが拡大されたため,場所ごとのエネルギーの大きさにちがいが生まれた。

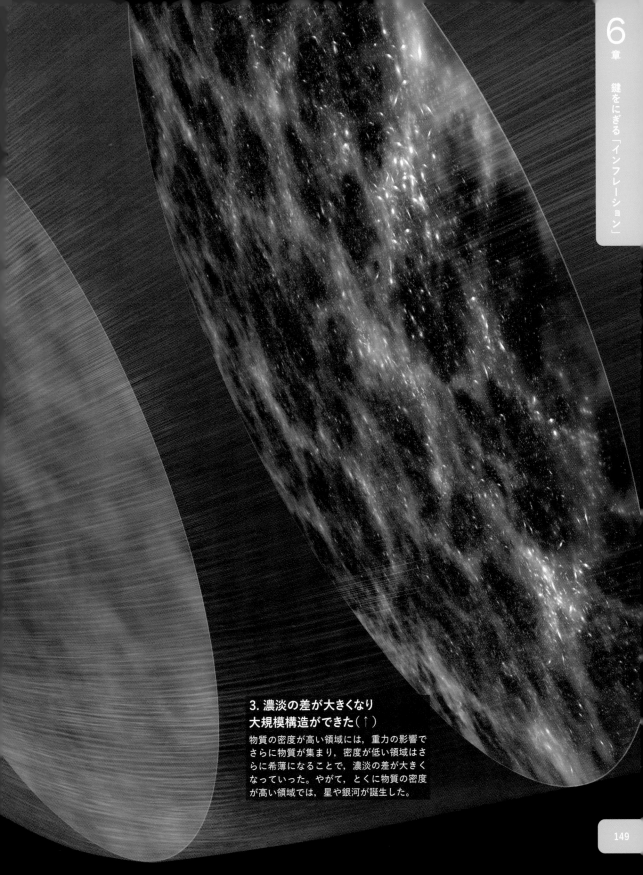

3. 濃淡の差が大きくなり
大規模構造ができた（↑）

物質の密度が高い領域には，重力の影響で
さらに物質が集まり，密度が低い領域はさ
らに希薄になることで，濃淡の差が大きく
なっていった。やがて，とくに物質の密度
が高い領域では，星や銀河が誕生した。

大規模構造の精密観測が
ダークエネルギーの性質や宇宙の将来を解明する？

宇宙は膨張しているが，その"犯人"とされているのが，正体不明の「ダークエネルギー」である。杉山博士は大規模構造をくわしく観測することで，ダークエネルギーの性質や，宇宙の将来について知りたいと考えている。

宇宙は誕生直後，インフレーションによって急膨張した。この急膨張が終わると，宇宙は膨張しつづけているものの，その速度は徐々に遅くなっていった。この「減速膨張」は，宇宙が誕生してから約80億年後（今から約60億年前）までつづいたと考えられている。

しかしあるとき，**宇宙は速度を増しながら膨張するようになった（加速膨張に転じた）。そして現在においても，宇宙は加速膨張しつづけているという。**

宇宙を加速膨張させる
「ダークエネルギー」

なぜ，宇宙は加速膨張をはじめたのだろうか。杉山博士は，次のように語る。

「宇宙にはもともと，正体不明のダークエネルギーが充満していました。ダークエネルギーは，宇宙を加速膨張させる効果があります。一方，物質にはたがいに重力がはたらくので，膨張を減速させる効果があります。

さて，宇宙がはじまってからしばらくは，物質が高密度に存在していたので，膨張を減速させる効果のほうがまさっていました。ただし，減速しつつも膨張はつづいていたので，物質が希薄になっていき，物質間にはたらく重力の影響が徐々に弱まっていきました。そして，ついにダークエネルギーの作用が優勢になり，宇宙が加速膨張しはじめたのです」

ダークマターは普通の物質と同じように，宇宙が膨張するのにともない，宇宙全体でみると薄まっていく。一方ダークエネルギーは**宇宙に均一に存在し，宇宙が膨張しても薄まらないと考えられている。**そのため，宇宙が膨張して物質が希薄になっても，ダークエネルギーがもつ加速膨張をうながす効果は衰えず，宇宙を加速膨張させるようになったというのだ。

宇宙に存在する物質の質量をエネルギーに換算して[※1]ダークエネルギーと比較すると，宇宙に存在するエネルギーのうち約68％を，ダークエネルギーが占めているという。そして，約27％がダークマター，約5％が普通の物質だ[※2]。つまり，実に宇宙の約95％が，正体不明のものでできているというのだ。

宇宙の将来は
どうなる？

「前述した60億年前に加速膨張がはじまったとするシナリオは，ダークエネルギーがまったく変化しないものだと仮定した場合です。まだ昔（遠方）の宇宙は広範囲に観測されていないので，本当に60億年前に宇宙が加速膨張に転じたかどうかは確かめられていません。

もしダークエネルギーが一定ではなく変化するものだとしたら，宇宙の将来に対する見方は大きくかわるかもしれません。たとえばダークエネルギーが大きくなり，膨張が今以上に加速していくとしましょう。すると，宇宙空間を広げようとする作用が優勢になるので，大規模構造はこれ以上成長しません。

やがて，膨張によって銀河団がちりぢりになり，次に銀河がちりぢりになる…というふうに，大きい構造から崩壊していきます。加速膨張が進めば，星も生物も，最後には原子までもばらばらになると考える人もいます」（杉山博士）

このように，**すべてがばらばらになってしまうシナリオは，「ビッグリップ」とよばれる。**

※1：質量（m）はエネルギー（E）に変換でき，またエネルギーを質量に変換することもできる。このことは「$E=mc^2$」という式であらわされる。

※2：5％の普通の物質のエネルギーのうち，大部分はガスからなり，星をつくっている物質はわずか0.2％程度。

「逆に，ダークエネルギーが小さくなるとしましょう。すると，物質の間にはたらく重力が優勢になり，宇宙は加速膨張から減速膨張に転じるでしょう。物質の密度が『臨界値』とよばれる値よりも大きくなれば，やがて宇宙は膨張をやめ，収縮しはじめます。ついには，宇宙全体が一点に集まってつぶれてしまうという可能性もあるのです」（杉山博士）

この，すべてが1か所に集まり，宇宙がつぶれてしまうというシナリオは「ビッグクランチ」とよばれている。

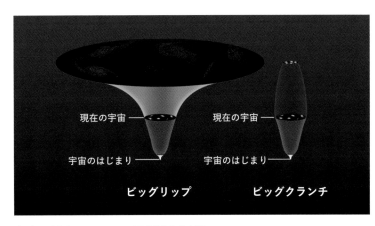

宇宙の将来についての予想はさまざま

宇宙が将来どうなるのかについて，さまざまな予想がある。なかでも最も極端な二つのシナリオが「ビッグリップ」と「ビッグクランチ」だ。

前者のシナリオでは，ダークエネルギーが将来大きくなると考える。すると，どんどん加速膨張の勢いが増し，銀河や星，果ては原子までも膨張して引き裂かれてしまうという。一方，後者のシナリオでは，ダークエネルギーが将来小さくなると考える。宇宙が収縮しはじめ，最終的には宇宙全体が一点に集まってつぶれてしまうという。

大規模構造を観測してダークエネルギーの性質をさぐる

杉山博士によれば，ダークエネルギーの正体にせまる，大規模構造に関係する二つの観測計画が進められているという。それは，「重力レンズの観測」と「バリオン音響振動（BAO）の観測」である。

遠くの宇宙を見れば，昔の宇宙を見ることができる。昔の宇宙を広範囲に，しかもくわしく観測すれば，宇宙膨張の歴史を知ることができる。そうすれば，ダークエネルギーが宇宙にどのように作用してきたかがわかるので，その性質を知ることができる。

たとえば，東京大学のカブリ数物連携宇宙研究機構（Kavli IPMU）の「SuMIReプロジェクト」は，「すばる望遠鏡」で約400万個の遠方の銀河を観測することを計画している。

そして，銀河の形状のゆがみから重力レンズ効果の影響の大きさを調べ，ダークマターの分布を割りだす。こうして得られたダークマターや銀河の分布の時間進化から，各時代のダークエネルギーの影響をみちびくのだ。またESAでは，大規模構造の観測に特化したサーベイ観測用の衛星「Euclid」の打ち上げが2023年に予定されている。

銀河の分布を「ものさし」にする

バリオン音響振動の観測とは，宇宙のどの時代でも使える"ものさし"をつくり，それを使って宇宙の大きさを測定し，宇宙がどのように膨張してきたかを知ることをめざすものだ。

たとえば遠くにある車までどれくらい離れているかを知りたいとき，あらかじめ車の全長などがわかっていれば（ものさしに相当），見かけの大きさから車までの距離がわかる。バリオン音響振動の観測ではこれに似た方法で，ものさしまでの距離をはかる（次ページ下の図）。

初期宇宙では物質が均一に分布していたが，わずかに密度の高い領域と低い領域があった。この密度の高低は，時間がたつにつれて，波紋のように音波として広がっていった。この音波を「バリオン音響振動」とよぶ。

銀河はこの密度の高い領域からより多く誕生したので，各時代の銀河の分布にはその痕跡が残っている（銀河の分布に，波紋が周期的にあらわれる）。この波紋のサイズ（波長）は，理論的には，現在4.9億光年ほどであると予想されている（→次ページにつづく）。

観測では，適当に銀河を選びだし，その周辺に銀河が平均よりも多く分布しているかどうかを調べる。141ページに登場したSDSSでは，実際に，特徴的に銀河が少し多く分布している領域が見つかった。つまり，バリオン音響振動の波紋を見つけだしたのだ。

一方，遠くの銀河からやってくる光ほど，宇宙膨張の影響を受けて波長がのびる。これは，光が赤みがかることに相当するので「赤方偏移」とよばれている。赤方偏移を測定すれば，その銀河が光を発した時点での宇宙の大きさ（今とくらべてどのくらい小さいか）を知ることができる。

こうして，銀河の分布（＝大規模構造）に見られるバリオン音響振動を測定することで，赤方偏移と距離の関係を得ることができる。これを，ことなる距離にある銀河についてくりかえすことで，宇宙の大きさが時間とともにどのように変化してきたかを知ることができ，ひいてはダークエネルギーの性質にせまることができるのである。

重力の法則は100年前に書きかえられた

杉山博士によると，もし歴史がくりかえされるのなら，宇宙の加速膨張の観測をきっかけに，アインシュタインの一般相対性理論は新たな重力理論に置きかわるかもしれないという。「歴史がくりかえされる」とは，どういう意味なのだろうか。

「ニュートンは万有引力の法則を発見し，リンゴが落下する運動と夜空の惑星の運動が，同じ法則のもとにあることを示しました。19世紀前半までには，太陽系の惑星がくわしく観測され，ニュートン力学を用いてその運動を分析することで，未知の惑星が存在することが予言されました。その未知の惑星は1846年に本当に発見され，『海王星』と名づけられました。

天文学者らはこの成功に味をしめ，今度は水星に注目しました。太陽の最も近くを公転している水星のふるまいが，なんだか変だというのです。水星の軌道がずれていく『近日点移動』という現象です。未知の惑星が存在し，水星の運動に影響をあたえているのではないかと考えられたのです。海王星を見つけたときのように，『ヴァルカン』という名前の惑星の存在が予言されたりしました。見えない惑星（ダークプラネット）があるのだというわけです。

しかしそんな惑星は，どんなにさがしても見つかりません。そうこうしているうちに，アインシュタインが一般相対性理論

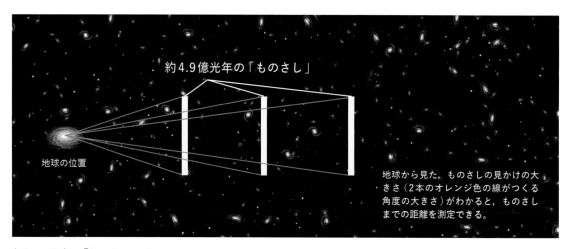

約4.9億光年の「ものさし」

地球の位置

地球から見た，ものさしの見かけの大きさ（2本のオレンジ色の線がつくる角度の大きさ）がわかると，ものさしまでの距離を測定できる。

銀河の分布は「ものさし」になる

実は，宇宙空間の銀河の分布には，一定の特徴（波紋の痕跡）がある。この特徴から，さまざまな銀河の分布を分析することで，その領域で「どこからどこまでが約4.9億光年の距離にあたるか」がわかる。つまり，「約4.9億光年のものさし」が得られるのだ。地球からこの「ものさし」の見かけの大きさをはかることで，その場所までの距離をみちびくことができる。

によって，水星のふるまいをみ ごとに説明しました。『太陽の 重力によってまわりの空間が曲 がっており，その曲がった空間 の中では，水星の軌道がニュー トン理論からずれていた』とい うわけです。すなわち，太陽の 近くなど，非常に重力が強い場 所では，ニュートンの万有引力 の法則からはずれた現象がおき ていたのです」

ニュートン力学で説明できな いことをニュートン力学で説明 しようとしたため，実際には存 在しないダークプラネットの存 在がみちびかれた。このように， **既存の理論では説明できない現 象に対して既存の理論で解釈し ようとすると，奇妙な結論が出 てしまうことがあるのだ。**

宇宙の加速膨張は重力の 法則を書きかえるか？

杉山博士は語る。「宇宙の加速 膨張を一般相対性理論で説明し ようとするとき，正体不明の 『ダークエネルギー』を導入する とうまくいきます。

実は，天文学者の中には『そ んなダークプラネットみたいな ものは存在しない』と考えてい る人たちもたくさんいます。宇 宙の加速膨張は一般相対性理論 では説明できない現象であり， 一般相対性理論の改変がせまら れているのだというわけです。 そして，さまざまな『修正重力 理論』が提案されています」

ダークエネルギーは，海王星 のように実在するのだろうか， それともヴァルカンのように存

杉山直博士

在しないのだろうか。杉山博士 によれば，**それを確かめるには， 理論をふるいにかけるための観 測事実を積み重ねる必要がある という。**

「宇宙の膨張の変遷は，パール ムッター博士らの超新星の観測 や，重力レンズ効果を利用した 大規模構造の観測，バリオン音 響振動の観測など，調べる方法 がいくつかあります。これらの 観測結果を組み合わせて，まず はダークエネルギーが存在する のか，それとも一般相対性理論 を修正した『修正重力理論』を 考える必要があるのかをはっき りさせたいと考えています。

また，ダークエネルギーが実 際に存在するとしても，時間変 化しないものなら，一般相対性

理論の枠組みの中で,『アインシ ュタイン方程式』に一つ『項』 をつけ加えるだけで事がすみま す。実は，100年前にアインシ ュタイン自身がつけ加えてお り,『宇宙項』とよばれます。で も，もしダークエネルギーが時 間進化していたら，それは何か とても奇妙な『場』の存在を示 すものだといえます。後者のほ うが面白そうですね」

100年ほど前，ニュートンの 万有引力の法則は，水星の観測 をきっかけにアインシュタイン の一般相対性理論にとってかわ られた。もし歴史がくりかえさ れるのなら，私たちは今100年 ぶりに，新しい重力理論のヒン トを手に入れられるところにい るのかもしれない。

いまだ発見されていない「見えない物質」の正体とは

「これほどさまざまな実験を行ったにもかかわらず，依然としてダークマターが見つからないのは意外です」。そう話すのは，ダークマターについての研究も行っている宇宙物理学者・素粒子物理学者，東京大学カブリ数物連携宇宙研究機構の村山斉教授である。

現在，ダークマターの存在は確実視されている。なぜなら，ダークマターがないと説明できないような現象が数多く見つかっているからだ。2018年には，ダークマターがほとんどないと考えられる銀河が発見され，大きな話題をよんだ（下図）。また，ダークマターがなくても宇宙のふるまいを説明できると主張する科学者もいるという。

はたして，ダークマターは本当に存在するのだろうか。そもそも，ダークマターが存在するという根拠はどこにあるのだろうか。

二つの質量には大きな差があった

宇宙にダークマターがあるという考え方は，銀河団の観測から予想外の結果が判明したことがきっかけで得られたものだ。

スイス出身の天文学者フリッツ・ツビッキー（1898～1974）は1933年，アイザック・ニュートン（1642～1727）が構築した「ニュートン力学」にもとづけば，銀河団に含まれる複数の銀河の運動の速さを測定することで，銀河団全体の重さ（質量）を見積もることができると考えた。こうしてみちびかれた銀河団の質量を，銀河団の「力学的質量」という。ツビッキーはこの方法で，地球から約3億3000万光年の距離にある「かみのけ座銀河団」の力学的質量を計算した。

さらにツビッキーは，第2の方法でも銀河団の質量を求めてみた。それは，銀河の明るさから銀河団の質量を求めるというやり方だ。銀河は大ざっぱにいえば恒星の集まりなので，恒星の数が多い銀河ほど明るいと考えられる。そこで，銀河の明るさが平均的な恒星1個分の明るさの何倍であるかを測定すれば，銀河がおおよそ何個の恒星からできているかがわかる。

こうして求まった恒星の個数に，恒星1個の平均的な質量を掛けあわせることで，銀河1個の質量がわかる。これを銀河団の銀河すべてについて足しあわせれば，銀河団全体の質量がわかるというわけだ。

以上の方法で得られる質量を，銀河団の「光学的質量」という（銀河や銀河団には，実際にはガスやちりも含まれているため，ガスやちりが出す電磁波も考慮して計算する）。

どちらの方法でも，最終的には銀河団に含まれる質量をすべて足し上げることになるので，得られる答えはそれほどかわらないはずだ。しかし，ツビッキーがかみのけ座銀河団の力学的質

ダークマターがほとんど存在していない可能性がある「NGC 1052-DF2」という銀河（真ん中の白くみえる部分）。2018年に発見された。

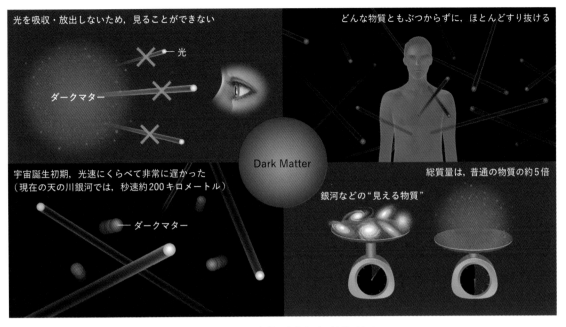

光を吸収・放出しないため，見ることができない

光

ダークマター

どんな物質ともぶつからずに，ほとんどすり抜ける

Dark Matter

宇宙誕生初期，光速にくらべて非常に遅かった
（現在の天の川銀河では，秒速約200キロメートル）

ダークマター

総質量は，普通の物質の約5倍

銀河などの"見える物質"

ダークマターの主要な特徴をまとめた。これら以外にも，電気的に中性などの性質がある。

量と光学的質量をくらべたところ，なんと前者のほうが後者より400倍も大きいという結果になった。

銀河団には「行方不明の質量」が存在する？

　この結果が正しければ，銀河のスピードが速すぎて，銀河は銀河団の外に飛びだしていってしまうことになる。しかし，現実にはそのようなことはおきていない。そこでツビッキーは，銀河団の中には質量をもつ（重力をおよぼす）が光は出さない「行方不明の質量（ミッシング・マス）」があり，この重力が銀河を銀河団の中にとどめていると考えた。

　これが，天体の観測からダー

クマターが存在する可能性が示された最初の例である。現在では，ツビッキーがみちびいた値は修正されているものの，一般的な銀河団の質量（ガスも含める）では，力学的質量は光学的質量の数倍から約10倍程度になることが知られている。

　1970年代になると，銀河団だけでなく，それぞれの銀河の中にも"見えない質量"が含まれていることが指摘された。アメリカの天文学者ヴェラ・ルービンは，渦巻銀河の回転速度を測定した（30ページ参照）。その結果，銀河の回転のようすを説明するためには，銀河の質量が足りないことがわかったのである。

　現在では，ほぼすべての銀河に，光を出す星やガスの数倍か

ら10倍にあたるダークマターが存在すると考えられている。ダークマターは，銀河を取りかこむように球状に広く分布していなければならないこともわかっており，これをダークハローとよんでいる。

ダークマターがないと銀河ができない

　1980 〜 1990年代になると，宇宙全体の構造や進化を研究する「宇宙論」の研究からも，ダークマターがなければ説明できない現象や観測事実が次々に見つかった。

　宇宙にはおびただしい数の銀河や銀河団が存在するが，これらの天体は宇宙空間の中で均一に分布しているのではなく，

せっけんやボディソープなどの"泡"のような構造になっていることがわかった。この構造は「宇宙の大規模構造」とよばれている。

宇宙が誕生したとき，まずはじめに，水素やヘリウムといった軽い原子が生まれた。これらの原子からなるガスの分布は均一ではなく，場所によっては密度が高いところと低いところ（密度ゆらぎ）があった。

密度が高い場所は，密度が低い場所よりも重力が大きいため，まわりのガスを引き寄せはじめる。しばらくすると，ガスを材料として星や銀河，そして銀河団ができていった。つまり，宇宙誕生初期における「原子からなる物質の密度ゆらぎ」が，宇宙の大規模構造につながったと考えられた。

しかし，コンピュータの性能が向上し，大規模構造がつくられる過程のシミュレーションが行われるようになると，**原子か**らなる物質の密度ゆらぎだけでは，現在の宇宙の構造ができるまでにかかる時間が，現在の宇宙年齢（約138億年）よりずっと長くなってしまうことがわかってきた。つまり，私たち人類はまだ誕生できていないことになる。

この状況を救う存在が，ダークマターである。もし，ダークマターが宇宙初期から存在しており，みずからの重力で集まって密度ゆらぎを成長させていたとすれば，現在の宇宙の構造ができたメカニズムを説明することができる（下図）。

現在の理論では宇宙初期に，まずダークマターの密度ゆらぎが成長し，そこに水素やヘリウムといった物質が引き寄せられ，星や銀河，そして銀河団ができたと考えられている。つまり，宇宙に銀河や太陽のような恒星が誕生し，私たち人類を含む生命の誕生につながったのは，もとをたどればダークマターのおかげということだ。

ダークマターは宇宙にどのくらいあるのか

誕生初期の宇宙は，超高温・超高密度の火の玉のような状態だった。その後宇宙が膨張し，誕生から40万年ほどたつと，温度は約3000℃まで下がったとされている。その時代に存在した光（熱放射）は，宇宙が膨張するにつれて波長が引きのばされていき，マイクロ波となって現在の宇宙を満たしている。このマイクロ波は「宇宙マイクロ波背景放射（宇宙背景放射）」とよばれ，今も宇宙のありとあらゆる方向から地球に降り注いでいる。

宇宙マイクロ波背景放射の温度は，空の方向によってわずかに差があることが知られている（右ページ下の図）。これは「温度ゆらぎ」とよばれ，ダークマターの密度ゆらぎの影響を受けていることが，理論的にわかっ

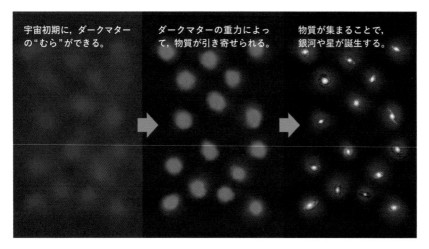

宇宙初期に，ダークマターの"むら"ができる。

ダークマターの重力によって，物質が引き寄せられる。

物質が集まることで，銀河や星が誕生する。

星・銀河・銀河団がつくられたのはダークマターのおかげ

宇宙が誕生したとき，ダークマターの分布にむらができた。ダークマターが多いところには，多くの物質が引き寄せられ，しばらくすると星や銀河が形成された。そして，最終的に現在の宇宙ができたとされる。

なお，プリンストン大学のジェームズ・ピーブルス博士は，ダークマターにもとづく宇宙の構造形成理論の開拓を業績の一つとして，2019年にノーベル物理学賞を受賞している。

ている。

この温度ゆらぎをくわしく分析することで，ダークマターと原子からなる物質の宇宙初期の密度ゆらぎを計算することができる。さらに，ダークマターと原子からなる物質の組成も求めることができるのだ。

最新の宇宙マイクロ波背景放射の観測結果によると，宇宙に存在する水素・ヘリウムなどの原子からなる普通の物質に対し，ダークマターは約5倍も存在するという（残りはダークエネルギー）。

宇宙マイクロ波背景放射の温度ゆらぎからダークマターの量がわかるというのは，銀河や銀河団などの観測とは無関係に成り立っている事実だ。そのため，ダークマターが存在するゆるぎない証拠だと考えられている。

ほかにも，ダークマターの存在を示す強い証拠はいくつか見つかっている。しかし，これらはあくまでも状況証拠である。

ダークマターそのものは，いまだに見つかっていないのだ。

ダークマターの正体は"遅い物質"

ここで，ダークマターの性質について簡単にまとめておこう。"ダーク"という言葉から，黒い物質をイメージする人もいるかもしれないが，ダークマターは光を出すことも反射・吸収することもない，光に対して"透明"な物質だといえる。

また，重力以外での相互作用をほとんどしないため，別の物質と衝突することが非常にまれで，原子でできた普通の物質をすり抜けてしまうと考えられている。さらに，光にくらべてずっと遅い速度で運動しているというのも重要な性質だ。普通の物質の約5倍存在するというのも，観測からわかったダークマターの性質の一つである。

ダークマターの有力な候補とは

ダークマターの候補に関しては，これまで多くのものが検討されてきた。その中で，現在最も有力とされているのが「未知の素粒子」である。

実は，宇宙を構成している最小の単位は，原子ではない。原子よりもさらに小さい「素粒子」が宇宙の最小単位なのだ。原子は中心に原子核があり，そのまわりを電子がまわっている。電子は素粒子の一つである。さらに原子核は，陽子と中性子という二つの粒子からできており，陽子と中性子は「クォーク」という素粒子からできている。現在までに，すでに発見されたり存在が確実視されていたりする素粒子は，計18種類ある（次ページ図）。

素粒子は，「ゲージ粒子」「ヒッグス粒子」「クォーク」「レプトン」の4グループに分けられ

地球に降り注ぐマイクロ波から，ダークマターの量がわかる

左は，宇宙マイクロ波背景放射の全天画像だ。赤色が高温，青色が低温であることをあらわしている。ここから計算された現在の宇宙のエネルギー組成が，右の図である。

ている。この4グループの素粒子のセットは，重力子（グラビトン：重力を伝える素粒子）を除いてすべて発見ずみで，現実のミクロの世界のふるまいを非常にうまく説明できる。これらにもとづいた素粒子物理学の理論は，「標準模型」とよばれている。

だが，残念ながら標準模型の素粒子の中にはダークマターの条件を満たすものは存在しない。つまり，**もしダークマターの正体が素粒子であるならば，標準模型の範囲をこえる未知の**新粒子のはずだ。こうした新粒子の例として，「WIMP（Weakly Interacting Massive Particles：弱い相互作用をする重い粒子）」と総称されるタイプの粒子が考えられており，現在さかんに探索が行われている。

WIMPの有力候補が，「超対称性粒子」とよばれるものだ。これは，標準模型のすべての素粒子にはパートナーとなる未知の粒子が存在するという「超対称性理論」に登場する新粒子である（右ページ図）。

このうち，「フォティーノ」「ジーノ」「ヒグシーノ」という三つの素粒子はすべて電気的に中性で，まとめて「ニュートラリーノ」とよばれている。ニュートラリーノは，WIMPの一つとしてよく研究されている。また，重力子（グラビトン）のパートナーである「グラビティーノ」も，ダークマターの候補の一つだ。これらの素粒子の質量は，陽子の質量の100倍から1000倍にもなり，とても重い粒子である。

WIMP以外にも，「アクシオン」とよばれる未発見の素粒子

ミクロな世界のふるまいを説明する「素粒子」

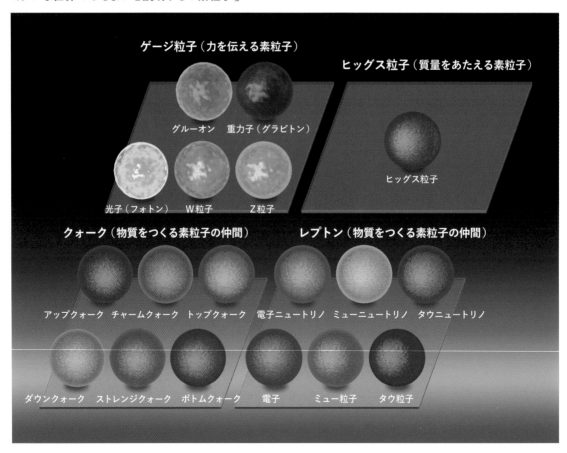

ゲージ粒子（力を伝える素粒子）
グルーオン　重力子（グラビトン）
光子（フォトン）　W粒子　Z粒子

ヒッグス粒子（質量をあたえる素粒子）
ヒッグス粒子

クォーク（物質をつくる素粒子の仲間）
アップクォーク　チャームクォーク　トップクォーク
ダウンクォーク　ストレンジクォーク　ボトムクォーク

レプトン（物質をつくる素粒子の仲間）
電子ニュートリノ　ミューニュートリノ　タウニュートリノ
電子　ミュー粒子　タウ粒子

も有力な候補の一つだと考えられている。アクシオンは，既知の素粒子であるクォークの間にはたらく力の性質に関連して，その存在が予言されている素粒子だ。質量はWIMPにくらべてずっと小さく，陽子の100兆分の1程度だが，その特徴はダークマターによく合うという。

「ダークマター素粒子説」であがっている候補は，質量の範囲がきわめて広い。しかし現在のところ，質量の範囲をしぼる手がかりはまったくない。

「ただ，これまでの探索実験は，ほとんどがWIMPを想定したものでした。WIMP以外の候補については，まだほとんど探索が進んでいないので，少しがんばって取り組めば，あっさり見つかる可能性もあります」(村山教授)。

村山教授はダークマターの候補として，「SIMP（Strongly Interacting Massive Particles：強い相互作用をする重い粒子）」という粒子を提案している。SIMPは，クォークと反クォーク（クォークと質量は同じだが，電気的な性質が反対の物質）からなる「パイ中間子」に性質が非常によく似ているものの，標準模型の粒子でも超対称性粒子でもない未知の粒子である。WIMPとはことなり，粒子どうしが衝突し，散乱する性質をもつという。

SIMPは，銀河内のダークマターの分布をWIMPよりもうまく説明できる利点がある。ダークマターがWIMPの場合，矮小銀河（大きさと質量が小さな銀河，44ページ参照）の中心にWIMPが極端に集まると予測されているが，実際の銀河の

超対称性理論から，存在が予想されている「超対称性粒子」

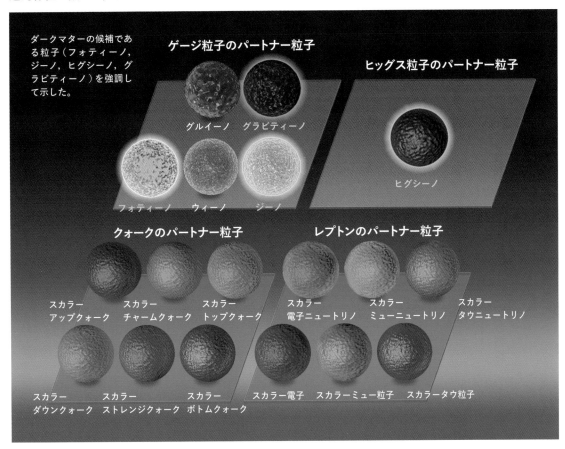

ダークマターの候補である粒子（フォティーノ，ジーノ，ヒグシーノ，グラビティーノ）を強調して示した。

ゲージ粒子のパートナー粒子

グルイーノ　グラビティーノ

フォティーノ　ウィーノ　ジーノ

ヒッグス粒子のパートナー粒子

ヒグシーノ

クォークのパートナー粒子

スカラーアップクォーク　スカラーチャームクォーク　スカラートップクォーク

スカラーダウンクォーク　スカラーストレンジクォーク　スカラーボトムクォーク

レプトンのパートナー粒子

スカラー電子ニュートリノ　スカラーミューニュートリノ　スカラータウニュートリノ

スカラー電子　スカラーミュー粒子　スカラータウ粒子

ダークマターはそれほど強く中心に集中していないという。しかし，もしダークマターがSIMPであるなら，銀河中心部でSIMPどうしが衝突・散乱して分布がならされるので，観測結果とよく合うというのだ（下図）。今後SIMPについての研究が進めば，ダークマターの正体が明らかになる可能性がある。

ダークマターは「ない」と考える科学者もいる

これまでみてきたように，ダークマターの存在自体は，今ではほぼすべての研究者に受け入れられているものの，ツビッキーの提唱から80年がたった現在も，ダークマターを直接検出することはできていない。

これまでに，ダークマターなしに観測事実を説明しようとする試みがなされてこなかったわけではない。たとえば1980年代には，イスラエルの物理学者モルデハイ・ミルグロムが「修正ニュートン力学（MOND）」という新しい理論を提唱した。彼は，ニュートンが発見した万有引力の法則にわずかな修正を加えることで，ダークマターを持ちださなくても，銀河の運動のようすを説明できると主張したのだ。しかしMONDは，アインシュタインの重力理論である「一般相対性理論」とつじつまが合う形になっていなかったため，あまり支持されていない。

現在でも，重力理論を修正することでダークマターの存在を仮定せずに観測を説明するという試みをつづける研究者は，少数ながら存在する。彼らの理論は「修正重力理論」と総称される。研究者ごとにさまざまなバリエーションがあり，いずれも一般相対性理論に置きかわる，別の重力理論である。

一方，156ページであげた宇宙マイクロ波背景放射の温度ゆらぎの観測データなど，ダークマターなしでは説明が困難な「強い証拠」がいくつも見つかっている。

ダークマターの分布の観測的研究にくわしい，東京大学カブリ数物連携宇宙研究機構の高田昌広教授は，ダークマターではなく，あえて修正重力理論を選ぶ必然性はないと指摘する。

「ダークマターの正体は謎ですが，ダークマターの存在自体については複数の強い観測的証拠が得られています。修正重力理論では，これらの観測事実をすべて説明できるわけではないため，修正重力理論でダークマターのない宇宙モデルをつくるという試みは，近年ではほとんど下火になっています」

村山教授も，修正重力理論がダークマターに代わるモデルになりうるという見方には，否定的だ。

「銀河くらいのスケールまでは，ダークマターなしで説明できるモデルを組み立てることも不可能ではないかもしれません。しかし，銀河団より大きなスケールの『見えない質量』をダークマターにたよらず説明することは，むずかしいでしょう」

ダークマターのない銀河が見つかった!?

2018年，アメリカ・イェール大学の研究チームが，ダークマターをほとんど含まない銀河（NGC 1052-DF2）を発見したと発表して話題になった（154ページ参照）。

ダークマターがSIMPなら観測事実を説明することができる

WIMP（左）は中心に集中するような分布になるが，SIMP（右）は一様にまんべんなく分布する。SIMPの分布の仕方は，観測結果とよく一致するという。

すばる望遠鏡を使った
「SuMIReプロジェクト」が進行中

上は, ハワイのマウナケア山頂にある「すばる望遠鏡」。右は, すばる望遠鏡で進められている「SuMIReプロジェクト」がとらえた, ダークマターの分布のようすの一例である。「赤緯（せきい）」「赤経（せきけい）」「赤方偏移（せきほうへんい）」は宇宙での位置をあらわすための座標で, 地球でいう「緯度」「経度」「高度」のようなものだ。約10億光年×約2.5億光年×約80億光年にわたる広大な空間における分布で, 色が濃いところほどダークマターが多く存在していることを示している。

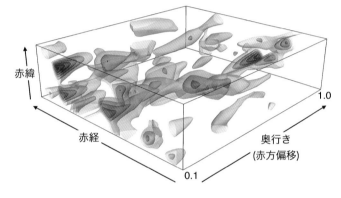

赤緯

赤経

奥行き
（赤方偏移）

0.1

1.0

　研究チームは, この銀河に含まれる10個の球状星団（きゅうじょうせいだん）を使って, ツビッキーと同じように, 力学的質量と光学的質量を求め, それらを比較した。その結果, 両方の値にはほとんど差がなく, ダークマターをほとんど含まないという結果になったのである。

　この観測結果は, ダークマターが存在しないという証拠になるのだろうか。高田教授によれば, こうした銀河の場合本当にダークマターを含まないわけではなく, 観測データの解釈しだいでは別の結論をみちびける可能性もあるという。

日本が主導する
「SuMIReプロジェクト」

　これまで, 数多くのダークマター探索のプロジェクトが行われてきた。その一つに, 村山教授や高田教授が日本のすばる望遠鏡で進めている「SuMIReプロジェクト」がある。これは, 銀河や銀河団などを大型望遠鏡で観測し, それらの天体に含まれるダークマターの分布や性質を解明しようとするものだ。す

ばる望遠鏡に取りつけられた超広視野主焦点カメラ「HSC」と超広視野多天体分光器（ぶんこうき）「PFS」を使い, 銀河の星々の運動を測定してダークマターの分布を明らかにする計画だ。

　正体不明のダークマターに対し, 世界中の研究者がさまざまなアプローチで, その謎解きに取り組んでいる。もしダークマターの正体を解き明かすことができれば, 人類の宇宙観をまったく新しい段階へとみちびく大きな原動力になることはまちがいない。

7章

銀河研究を支える
観測技術

監修　渡部潤一

　銀河の姿の解明は一朝一夕でなしえるものではなく，地道な観測の積み重ねと，それにもとづいた理論の構築があってはじめて実現する。本章では，銀河をはじめとする天文学研究を支える観測技術の最前線を紹介する。

ジェイムズ・ウェッブ
宇宙望遠鏡 ①② ……164
初期銀河の姿……… 168

宇宙最初の星
「ファーストスター」…… 170
すばる望遠鏡……… 172

重力波望遠鏡
「LIGO」「KAGRA」…… 174
次世代望遠鏡……… 176

活躍が期待される
「ジェイムズ・ウェッブ宇宙望遠鏡」

2022年7月12日，NASAの「ジェイムズ・ウェッブ宇宙望遠鏡（JWST）」（右の写真）によるはじめての科学観測データが公開され，大きな反響をよんだ。JWSTは，1990年から観測を行っているNASAの「ハッブル宇宙望遠鏡（HST）」の後継となる最新の宇宙望遠鏡である。主鏡の口径は6.5メートルにもなる。これはHSTの2.7倍だ。

JWSTは観測波長を赤外線にしぼっているのが特徴で，可視光線や近赤外線で観測するHSTや地上の大型望遠鏡ではとらえられない，ビッグバンからわずか数億年後の宇宙を撮影したり，濃いちりにかくされている分子雲の内部を見通したりする能力にすぐれている。また，太陽系外縁天体の探索にも活躍が期待されている。

「地球外生命」の徴候をさがして…
系外惑星の大気を詳細観測

そしてもう一つ，JWST が ターゲットにする重要な天体 が，太陽系外の恒星をまわる「太 陽系外惑星（系外惑星）」だ。系 外惑星は，地上望遠鏡や，NASA の「ケプラー」（2009 ～ 2018 年），「TESS」（2018年～）など といった探査衛星により，2022 年現在で5000個以上発見され ている。

系外惑星探査の主な目的の一 つは，地球外生命の存在をさぐ ることである。これまでの系外 惑星探査では，サイズが地球に 似た惑星や，ハビタブルゾーン （197ページでくわしく解説）に ある惑星をさがすことが重要な 目標だった。今後はこれに加え， （JWSTを使って）系外惑星の大 気の成分を調べることが可能に なる。たとえば，「WASP-39b」 という系外惑星の大気の観測か らは，二酸化炭素の徴候が確認 されている。

もし系外惑星の大気に水分子 が存在する徴候があれば，その

惑星は水が豊富かもしれない。 また，酸素やオゾンなど，生命 存在の徴候とされる物質（バイ オマーカー）が検出されたら， 光合成を行う植物が存在する可 能性もある。つまり，その惑星 が生命の生存に適しているか や，生物そのものが生存してい るかを調べられるのだ。

実際，JWSTの最初の公開 データに含まれている「ほうお う座」の方向，1140光年の距離 にある系外惑星「WASP-96b」 の大気の観測では，惑星大気に 存在する水分子の特徴がはっき りととらえられている※。

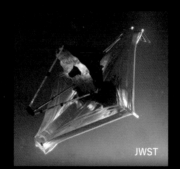

JWST

最新鋭の宇宙望遠鏡が
系外惑星の謎にいどむ

JWSTは2021年12月25日に打ち上げられ，地球からみて 太陽の正反対の方向約150万キロメートルの位置にいる。

金色のパラボラアンテナのような部分が，望遠鏡の主鏡 だ（右上の図）。その下のひし形の部分は，太陽光をさける ためのシールドで，主鏡がつねにシールドの影になる姿勢 をとることで，主鏡を極低温に保ち，撮影時のノイズ（雑 音）を低減する。

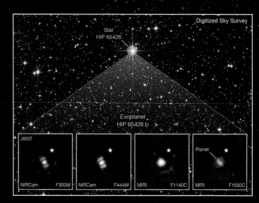

（←）JWSTが
系外惑星をとらえた

左は，JWSTが撮影した系外惑星
「HIP 65426b」の画像（2022年9
月1日発表）。一つの惑星を，四つの
ことなる波長で撮影している。

　惑星は恒星よりもはるかに暗いた
め，撮影することは困難だ。この画
像では，JWSTに搭載されたコロナ
グラフ（主星からの光をさえぎる装
置）を利用することで，惑星のみを
写しだすことに成功している。

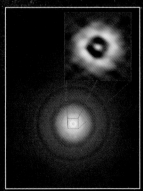

（←）惑星が
つくられる現場を観測する

系外惑星について調べる別のアプローチとして，惑星がつく
られる現場をとらえるというやり方もある。左の画像は，国
立天文台などのチームが2016年に発表した，若い星「うみ
へび座TW星」とその周囲にある，ちりの円盤だ。チリにあ
る「ALMA（アルマ）望遠鏡」を用いて撮影された。

　円盤にある同心円状のすき間は，惑星のもととなる小さな
天体が，軌道上にあるちりを重力で吸い寄せることによって
つくられており，今まさに惑星が誕生しつつある場所だとい
える。とくに拡大図で示されたすき間は，円盤の中心部まで
の距離が地球と太陽の距離とほぼ等しく，ここで地球のよう
な惑星がつくられているのかもしれない。

※：JWSTのwebサイト（https://webbtelescope.org/contents/media/images/2022/032/01G72VSFW756JW5SXWV1HYMQK4）

JWSTがせまる「宇宙誕生から数億年後」

人類は，どのくらい遠くの宇宙まで見ることができるのだろうか。2020年の段階で観測された最も遠い天体は「GN-z11」という銀河で，地球から約134億光年[※1]の距離にある。宇宙の年齢は約138億年なので，この銀河は，宇宙誕生からわずか約4億年後の時代に存在していたことになる。

宇宙誕生直後にできた銀河が観測されつつある

しかし，この記録も間もなく破られそうだ。2022年7月に発表されたJWSTの初期観測データでは，「SMACS 0723-73」という，約46億光年の距離にある銀河団の画像が公開された（右ページ画像）[※2]。

遠い銀河から放たれた光は，赤方偏移によって波長がのびる。すると，**明るさのピークが可視光の領域から赤外線の領域にずれるので，赤外線望遠鏡であるJWSTを使うと，かつてない明るさと解像度でこの銀河団の姿をとらえることができるのだ。**

この画像を調べたところ，銀河団の背景に約131億光年先の銀河が写って

いることが確認された。JWSTは，すでに130億年以上前の銀河の姿をとらえることに成功しているのである。

さらに，JWSTで撮影された別の観測データでは，「CEERS-93316」という遠方の銀河候補が見つかっている。これは，まだ簡易的に求めた値だが，距離にして135億6000万光年，宇宙誕生からわずか2億3500万年しかたっていない時代の天体だ。これが本当ならば，人類の観測史上最も古い銀河になる。

JWSTには，宇宙誕生から1億7000万年後という初期宇宙まで見通す性能があるとされている。今後もJWSTによって続々と遠い銀河が発見され，宇宙最初の銀河やブラックホールがどのように誕生したかという謎が解明されるかもしれない。

ハッブル宇宙望遠鏡

**JWSTがとらえた
130億光年以上先の銀河（→）**

銀河団「SMACS 0723-73」を，ハッブル宇宙望遠鏡で撮影した画像（左）とJWSTで撮影した画像（右）で比較した。JWSTのほうが圧倒的に明るく，さまざまな天体が写っていることがわかる。なお，JWSTの画像で拡大されている四つの銀河は，いずれも110億光年以上離れている。

※1：ここでいう距離は，銀河から出た光が地球に届くまでにかかった時間に光速を掛けたもので，「光路距離」ともよばれる。実際には，光が伝わる間にも宇宙は膨張しているので，現在の地球とGN-z11の間隔（共動距離）は約320億光年まで離れている。

※2：JWSTのwebページ
（https://webbtelescope.org/contents/media/images/2022/035/01G7DCWB7137MYJ05CSH1Q5Z1Z）

ハッブル宇宙望遠鏡

ジェイムズ・ウェッブ宇宙望遠鏡（JWST）

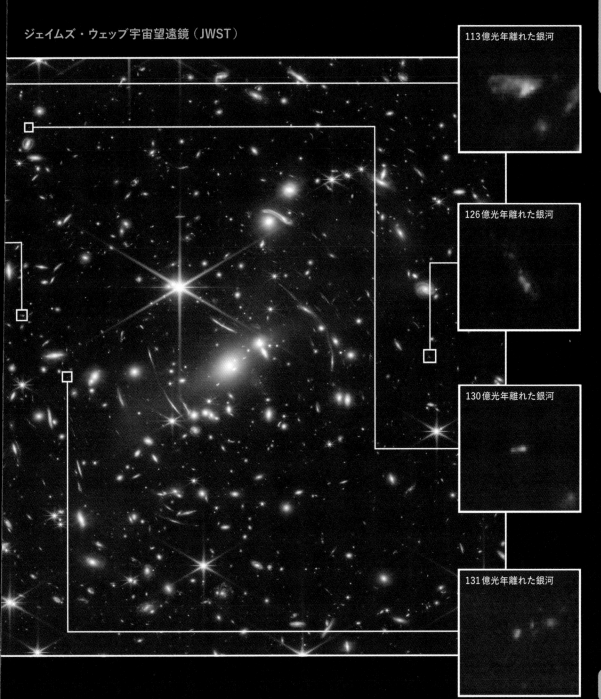

113億光年離れた銀河

126億光年離れた銀河

130億光年離れた銀河

131億光年離れた銀河

宇宙最初の星々「ファーストスター」を発見せよ

宇宙では，ビッグバンから約3分後に水素とヘリウムの原子核がつくられた。そして約37万年後には，これらの原子核が電子と結びついて中性の原子ができた。その後，ダークマターの濃い部分が重力で集まり，原子もこれに引き寄せられて集まって，**宇宙最初の星々（ファーストスター），さらには最初の銀河が誕生したと考えられている。**

ファーストスターは太陽質量の数百倍という非常に大きな質量をもち，強力な紫外線を放射してわずか100万年ほどで超新星爆発をおこし，死をむかえたと考えられている。

ファーストスターによって，暗黒だった宇宙がはじめて光（紫外線）で照らされた。その紫外線により，水素原子がもう一度陽子と電子に分解（電離）さ

れ，電気を帯びた「プラズマ」という状態になった（宇宙の再電離）。これ以後，宇宙空間はきわめて薄いプラズマで満たされている。

ほかにも，ファーストスターの超新星爆発によって宇宙にはじめて水素・ヘリウム以外の元素がばらまかれ，のちの岩石惑星などの材料になるなど，ファーストスターは現在の宇宙をつくりあげるうえで非常に重要な役割をもつことがわかっている。

彼方の宇宙からファーストスターをさがす

ファーストスターが誕生したのは，**宇宙誕生から2000万〜2億年後のどこかの時代だと考えられているが，具体的にいつなのかはわかっていない。**そのため，JWSTでファーストスターを

発見できれば，宇宙の歴史の空白を埋める大きな成果になる。

とはいえ，はるか遠くの宇宙から単独の星を見つけることは困難をきわめるミッションであり，その成功のためには運も必要となる。2022年3月，アメリカ，ジョンズ・ホプキンス大学らの研究チームはハッブル宇宙望遠鏡を用いて，約129億光年の距離に単独の恒星「エアレンデル」を発見したと発表した[※]。この恒星は，手前にある銀河団の重力によって背景の星の光が集光されて明るくなる「重力レンズ効果」を偶然受けたため，これほど遠くにありながら観測できたという。

※：Welch, B., Coe, D., Diego, J.M. et al. Nature 603, 815–818 (2022). なおエアレンデルとは，古代の英語で「明けの明星」という意味。

宇宙の歴史（概略図）

宇宙誕生から2億〜3億年後：銀河の誕生

宇宙誕生から2000万〜2億年後：ファーストスターの誕生

宇宙誕生から37万年後：原子の誕生

宇宙誕生から3分後：陽子（水素の原子核）や中性子，ヘリウム原子核の誕生

ビッグバン

インフレーション

宇宙誕生

時間の進む方向

エアレンデルの
分裂した像

地球から129億光年離れた
観測史上最遠の星

観測史上最遠の恒星「エアレンデル」は，くじら座の方向約129億光年の距離にある。矢印の先の赤い小さな点がエアレンデルの分裂した像で，周囲に写っているたくさんの銀河は，手前にある銀河団「WHL0137-08」に属している。この銀河団の重力レンズ効果によって，エアレンデルの光は数千倍にも増光された。それまで観測されていた最も遠い単独の星は，2018年に発見された90億光年の距離にある星だったため，その記録を大きく塗りかえた。

日本がハワイの山頂に設置した
光学赤外線望遠鏡

　宇宙や銀河などの観測は世界各国が世界各地に設置した望遠鏡によって行われているが，第一線で活躍している望遠鏡の一つが，日本の国立天文台が建設した「すばる望遠鏡」である。すばる望遠鏡は，アメリカのハワイ島にあるマウナケア山（標高4205メートル）山頂にある大型光学赤外線反射望遠鏡で，1999年に観測を開始した。

　主鏡の直径は，当時としては世界最大の一枚鏡で8.2メートルだ。しかしあまりにも大きく，そのままでは観測時に望遠鏡の傾きから鏡面にゆがみが発生してしまうので，これを防ぐため，コンピュータで管理された261本の支持装置が鏡面を背後から支えている。

　すばる望遠鏡は太平洋上の独立峰の頂上にあるため，ほとんど1年中，天候の影響を受けずに観測することができる。その観測能力がいかんなく発揮された例として，2006年9月に128億8000万光年離れた銀河を，2014年には131億光年の距離にある銀河を発見している。

　下に掲載した画像は，すばる望遠鏡がとらえた，地球から約7600万光年の距離にある「NGC 3338」という渦巻銀河である。このほかにも，数多くの美しい天文画像やめずらしい天体現象を撮影している（画像は，国立天文台のホームページで見ることができる）。

NGC 3338

真ん中に写っているのがすばる望遠鏡で，左下の2基はアメリカの「Keck（ケック）望遠鏡」。マウナケア山は，そのアクセスのしやすさと観測環境のよさから，山頂付近には，ほかにも多くの国がさまざまな望遠鏡を設置し，観測を行っている。

すばる望遠鏡

重力波望遠鏡「KAGRA」が時空の波をとらえる

2019年10月に, 日本で重力波望遠鏡が完成した。それが「KAGRA」だ。

KAGRAは, 2015年に世界ではじめて重力波※を検出したアメリカの重力波望遠鏡「LIGO (Laser Interferometer Gravitational-Wave Observatory)」と同じ, レーザー干渉計というタイプの観測装置である。しかしKAGRAにはLIGOにはない, 感度を高めるためのさまざまな特徴がある。

とくに大きなちがいは, KAGRAが地中につくられているという点である。体に感じるような地震がおきていなくても, 地面はわずかながらつねに揺れている。しかし, 岩盤が強固な岐阜県・神岡鉱山の地下に設置することで, 都市部にくらべて地面の振動を約100分の1におさえられるという。

また, レーザー光を反射させ

KAGRA（↓）

重力波望遠鏡「KAGRA」は, 岐阜県と富山県の県境にある神岡鉱山の地下に建設された。L字型にのびる腕は, それぞれ長さ3キロメートルにもおよぶ。

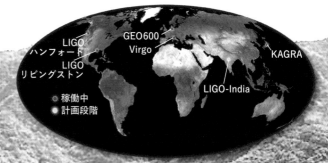

世界各地の同時観測で高い精度をめざす

LIGO
ハンフォード
LIGO
リビングストン

GEO600
Virgo

KAGRA

LIGO-India

◎ 稼働中
● 計画段階

稼働中, 計画中の重力波望遠鏡を地図上に示した。さらに現在, インドに新たな重力波望遠鏡を建設する計画も進んでいる。

る鏡にも工夫がこらされている。すべての物質は，熱によってかすかに振動しているが，太陽－地球間の距離（約1億5000万キロメートル）が，原子1個分（約1000万分の1ミリ）しか変動しない程度のゆれを検出するためには，このような微弱な振動もおさえる必要がある。そこで，極低温（－253℃）に鏡を冷却することで，この熱によ

るノイズを4分の1にまで軽減させているのだ。

　重力波の観測は世界中で行われているが，**その大きなメリットの一つは，重力波の"故郷"を特定する情報が得られるという点である**。2015年9月14日にLIGOがとらえた重力波からは，その発生源が南天の大マゼラン雲を含む方向であるという情報しか得られなかった。しか

しKAGRAやヨーロッパの重力波望遠鏡「Virgo」などと同時観測することで，重力波の発生源を精度よく特定できるようになると期待されている。

※：重さ（質量）をもった物体が揺れ動くと，空間のゆがみが波となって周囲に広がっていく。これが重力波だ。重力波は，アインシュタインが残した一般相対性理論から予想される現象の中で，それまで唯一観測できなかったものでもある。

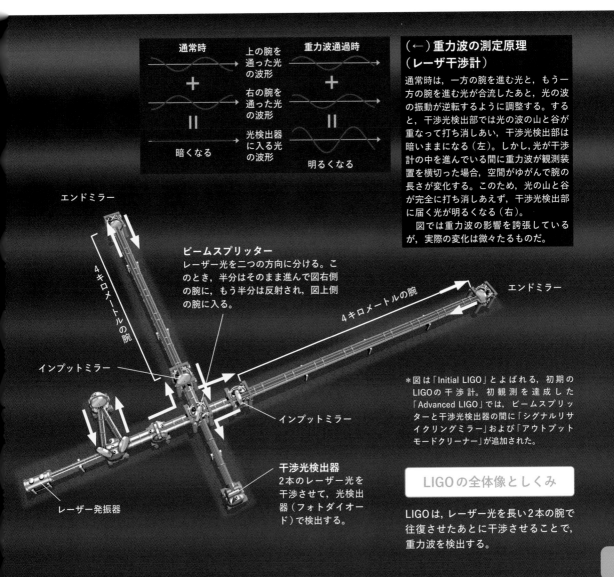

通常時

上の腕を通った光の波形

＋

右の腕を通った光の波形

＝

光検出器に入る光の波形

暗くなる

重力波通過時

＋

＝

明るくなる

（←）重力波の測定原理（レーザ干渉計）

通常時は，一方の腕を進む光と，もう一方の腕を進む光が合流したあと，光の波の振動が逆転するように調整する。すると，干渉光検出部では光の波の山と谷が重なって打ち消しあい，干渉光検出部は暗いままになる（左）。しかし，光が干渉計の中を進んでいる間に重力波が観測装置を横切った場合，空間がゆがんで腕の長さが変化する。このため，光の山と谷が完全に打ち消しあえず，干渉光検出部に届く光が明るくなる（右）。

　図では重力波の影響を誇張しているが，実際の変化は微々たるものだ。

エンドミラー

ビームスプリッター
レーザー光を二つの方向に分ける。このとき，半分はそのまま進んで図右側の腕に，もう半分は反射され，図上側の腕に入る。

4キロメートルの腕

エンドミラー

4キロメートルの腕

インプットミラー

インプットミラー

*図は「Initial LIGO」とよばれる，初期のLIGOの干渉計。初観測を達成した「Advanced LIGO」では，ビームスプリッターと干渉光検出器の間に「シグナルリサイクリングミラー」および「アウトプットモードクリーナー」が追加された。

干渉光検出器
2本のレーザー光を干渉させて，光検出器（フォトダイオード）で検出する。

レーザー発振器

LIGOの全体像としくみ

LIGOは，レーザー光を長い2本の腕で往復させたあとに干渉させることで，重力波を検出する。

世界中で最新観測機器の開発が進行中
宇宙の謎への挑戦がつづく

　現在，アメリカ・日本・カナダ・中国・インドが開発する「30メートル望遠鏡（TMT）」や，欧州南天天文台の「欧州超大型望遠鏡（ELT）」，アメリカ・オーストラリア・ブラジル・韓国・イスラエル・チリの「巨大マゼラン望遠鏡（GMT）」など，次世代の巨大望遠鏡計画が進められており，いずれも2020年代後半の観測開始をめざしている。

　重力波天文学の分野では，日本の「KAGRA」が2023～2024年に予定されている第4期運転「O4」に向けて，現在感度を上げるための改修が行われている。

　また，ブラックホールシャドウの撮影に成功したEHT（100ページ参照）も，11局に望遠鏡をふやし，感度を向上させている。2021年からはより波長の短い電波での観測もはじめており，分解能（遠くにある二つの天体を見分ける能力）が1.5倍に向上している。

最新機器によって
人類の宇宙観は広がりつづける

　宇宙空間で活躍するものとしては，2027年に，NASAの新た

欧州超大型望遠鏡（↓）
欧州南天天文台（ESO）が建設中の望遠鏡。口径は39.3メートルで，完成すれば世界最大の地上望遠鏡となる。観測開始は2025年を予定している。

（↑）
巨大マゼラン望遠鏡
（GMT：
Giant Magellan Telescope）
チリ・ラスカンパナス天文台に建設中。口径は24.5メートルで，2029年に試験観測を行う予定。

ナンシー・グレース・ローマン宇宙望遠鏡
宇宙の加速膨張の謎を解き明かすため，数億個の銀河や数千個の超新星の観測や，系外惑星の観測も行う予定。JAXAなどの日本のチームも，観測機器の開発などで計画に参加している。

な赤外線望遠鏡「ナンシー・グレース・ローマン宇宙望遠鏡」の打ち上げが予定されている。

日本ではJAXA宇宙科学研究所が, 2027年に観測衛星「LiteBIRD」の打ち上げをめざしている。これにより, 宇宙を満たす宇宙マイクロ波背景放射を観測し, 宇宙のはじまりについての研究を行う。

こうした最先端の科学によって, 私たちの宇宙観はさらに広がっていくことであろう。そして近い将来, この宇宙や私たち生命はどのように生まれ, どこへいくのかという, いわば「究極の問い」に答えるための手がかりが見つかるかもしれない。

30メートル望遠鏡（↓）

下の画像は, アメリカのカリフォルニア工科大学や日本の国立天文台などが開発を進めている「30メートル望遠鏡（TMT：Thirty Meter Telescope）」の完成予想図。その名のとおり, 主鏡の口径は30メートルある。

銀河に存在する？
宇宙人をさがしだせ

協力　田村元秀／鳴沢真也／山岸明彦

　銀河のどこかにいるかもしれない宇宙人（地球外知的生命）をさがしだし，彼らとコミュニケーションをとろうという試みは，実は世界各地で行われている。本章では，そんな科学者によって真剣に研究が進められている，知的生命の痕跡をとらえるプロジェクトなどについて紹介する。

8

史上最大規模の宇宙人さがし
…………………… 180
魔法の周波数………… 182
Wow! シグナル ……… 184
宇宙人とメッセージ ①②

……………………… 186
宇宙人と核のゴミ …… 190
謎の超巨大建造物
「ダイソン球」………… 192
宇宙文明の数を見積もる

「ドレイクの方程式」… 194
天の川銀河にある
宇宙文明の数………… 200
地球外知的生命と出会う日
……………………… 202

史上最大規模の宇宙人さがし「ブレイクスルー・リッスン」

携帯電話やテレビ，ラジオなどのように，私たち人類は，電波を使って情報をやり取りしている。もし宇宙人（地球外知的生命）が存在しているとしたら，きっと彼らも同じように電波を使って通信しているにちがいない。そして電波を使って，地球にメッセージを送信しているかもしれない。

そのような信号をとらえ，この宇宙のどこかに存在するかもしれない地球外知的生命の証拠をつかもうという研究を「SETI（Search for Extraterrestrial Intelligence：地球外知的生命探査）」という。

このSETIを，かつてない規模で行おうという計画が，2015年7月に発表された「ブレイクスルー・リッスン」である。

これは，地球の近隣にある100万の恒星と，天の川銀河の外にある100の銀河を10年間探査し，地球外知的生命が存在する証拠を見つけようというものだ。ブレイクスルー・リッスンには，ロシアの投資家ユーリ・ミルナー氏が設立した基金から，およそ1億ドル（約130億円）の資金が提供された。また，天才物理学者として知られる故スティーブン・ホーキング博士など多くの著名な科学者が，この計画の支持を表明している。

グリーンバンク電波望遠鏡
世界最大の可動式電波望遠鏡。宇宙から届く電波を反射する面（反射面）の直径は100メートルある。この巨大な望遠鏡で，地球外知的生命からの電波をとらえようと観測が行われている。

巨大望遠鏡を使った
電波の観測

ブレイクスルー・リッスンでは，2016年1月から探査を開始している。左ページの写真は，探査に使われている電波望遠鏡の一つ，アメリカの「グリーンバンク電波望遠鏡（GBT）」である。ほかにも，オーストラリアの「パークス電波望遠鏡」を使った観測や，アメリカ・リック天文台の光学望遠鏡「Automated Planet Finder」を使ったレーザー光をとらえる観測も行われている[1]。

電波望遠鏡を使った探査で得られるデータは膨大だ。この中に，地球外知的生命からの信号が含まれているかどうかを分析するのも，大変な作業となる。そこでブレイクスルー・リッスンでは，膨大なデータを一般に公開して，世界中の研究者が分析できるようにしている。

なお，かつてはインターネットに接続された世界中のコンピュータで，分担してデータを分析する「SETI@home」[2]計画と協力し，一般の人でも専用ソフトをダウンロードすれば分析に参加できるという取り組みも行われていた（現在は，必要なデータはすべて解析したとして休止中）。

※1：レーザー光の観測については，186ページでくわしく紹介。また，中国で2016年9月に稼働した，直径500メートルある世界最大の固定式の電波望遠鏡「FAST（ファスト）」も加わっている。

※2：http://setiathome.berkeley.edu/

記者会見をするミルナー氏と故ホーキング博士
上は，2015年7月20日にロンドンで行われた，ブレイクスルー・リッスンの計画を発表する記者会見のようす。左の人物がミルナー氏，右の人物が故ホーキング博士である。

どの"チャンネル"を聴けば
宇宙人の信号を受け取れるのか

地球外知的生命が発信した電波（信号）を見つけるには，彼らが利用している周波数で観測を行う必要がある。周波数とは，電波が1秒間に振動する回数のことで，「ヘルツ（Hz）」という単位であらわされる。1Hzなら，1秒間に1回振動するということだ。ではいったい，彼らはどのような周波数を使っているというのだろうか。

1959年，アメリカの物理学者ジュゼッペ・コッコーニ博士とフィリップ・モリソン博士は，**地球外知的生命をさがすには，「1.42GHz※」を観測すればよいと考えた。**この周波数は，波長が21センチメートルであることから「21センチ波」ともよばれる。また，水素原子（H）が放つ電波の周波数であることが知られている。

水素原子は最も基本的な元素であり，宇宙で最も豊富に存在する元素でもある。このことから，この周波数は普遍的で，特別なものととらえることができる。コッコーニ博士らは，もし地球外知的生命がいるとすれば，この周波数の電波を使ってほかの星に向けてメッセージを送信しているかもしれないと考えたのである。

※：ギガヘルツ。ギガは10億。

1.42GHzの電波に耳を傾ける

SETIでは，1.42GHzの電波観測がよく行われる。地球で最も強力な電波を宇宙へ向けて送信できたのは，南米プエルトリコにある「アレシボ天文台」の，口径が305メートルある巨大アンテナだ（送信時は口径280メートル）。もし，地球外知的生命がこれと同じ送信機を使って電波を送信していたとすると，彼らが数千光年先にいても，現在の技術を使って地球で受信することができたという。ただし残念なことに，アレシボ天文台は2020年12月に崩壊している。

知的生命のすむ惑星がある
惑星系

恒星

知的生命のすむ
系外惑星

地球外知的生命が発信した電波
（1.42 GHz）

宇宙人が利用しているかもしれない「魔法の周波数」

　地上で地球外知的生命からの電波をさがすときには，1 ～ 10GHzの範囲がよいという。それは，この周波数帯では“雑音”となる余計な電波が少なく“静か”だからだ。宇宙空間はさまざまな周波数の電波で満ちており，とくに約1GHz以下では，周波数が低くなるほど電波の強度が強くなることが知られている。反対に10GHzより周波数が高い場合，地球の大気中にある酸素や水蒸気が電波を出す。これが“雑音”となり，地上での観測がむずかしくなる。

　水素原子が出す1.42GHzは，この範囲内だ。ほかにも，水素原子一つと酸素原子一つが結びついた水酸基（OH）が出す，1.665GHzと1.667GHzも注目されている。HとOHが結びつくとH_2O（水）になることから，1.42 ～ 1.667GHzの範囲は「ウォーターホール（水場）」とよばれることもある。

　SETIでは，これらの周波数を何倍かしたものや，π（円周率，3.14…）倍したものなども使われることがある。そしてこのような，地球外知的生命が利用していることが期待される周波数は「マジック・フリークエンシー（魔法の周波数）」とよばれている。

1977年, 宇宙人からの メッセージがとらえられた!?

世界ではじめてSETIを行ったのは, アメリカの天文学者フランク・ドレイク博士 (1930 〜 2022) である。ドレイク博士は1960年, グリーンバンク天文台の口径26メートル電波望遠鏡を使って, くじら座タウ星とエリダヌス座イプシロン星からの"メッセージ"に耳を傾けた。しかしこの観測 (オズマ計画) では, 残念ながら, 地球外知的生命からの電波 (信号) をとらえることはできなかった。

今なお議論がつづいている 謎の信号

SETIの歴史で最も有名なのは「Wow! シグナル」だろう。アメリカの電波天文学者ジェリー・イーマン博士は, ある日, オハイオ州立大学の電波望遠鏡「ビッグ・イヤー」が集めたデータの記録紙を分析していた。すると, 1977年8月15日の記録紙に強い電波が記録されていることを発見したのだ。博士は電波の強さを示す「6EQUJ5」の6文字を赤線で囲み, 余白に「Wow!」と書きこんだ。これが, Wow! シグナルである。

電波を受信したとき, ビッグ・イヤーが向いていたのはいて座の方向で, 電波の継続時間は72秒間だった。ビッグ・イヤーは地面に固定されており, 自由な方向にアンテナを向けることはできない。このため, 観測している空の領域は地球の自転とともに移動する。つまり, ある天体から出た電波がアンテナに入り, 地球の自転によってアンテナからはずれるまでの時間がちょうど72秒間だったのだ。これは, 電波が地球上の航空機などから出たものではなく, 地球の外の, はるか遠くからやってきたものであるといえる。

また電波は, 観測していた50のチャンネル (周波数帯) のうち, たった一つだけに記録されていた。これは, 受信した電波がとてもせまい周波数幅 (10 kHz以下) の電波であることを意味する。自然現象や天文現象によって発生する電波は普通, ある程度広い周波数をもっており, これほどせまい周波数だけで強まるということはほとんどないという。

その後, さまざまな望遠鏡で同じ領域の観測が行われたが, 同様の電波を受け取ることはできていない。10年以上前からSETIにたずさわる, 兵庫県立大学西はりま天文台の鳴沢真也博士によれば, それでもWow! シグナルはとても興味深いシグナルであり, 今後のSETIでも, この領域を重点的に観測するべきだという。

(←) Wow! シグナル

左は, 強い電波をとらえた際の記録紙。縦の方向は上から下に向かって時間の経過を, 横方向は, ことなるチャンネル (周波数帯) を示している。大きい数字ほど強い信号であることをあらわし, 9をこえるとA, B, C, …とアルファベットであらわされる。

画像中央には, 赤線で囲まれた「6EQUJ5」という文字列が見てとれる。イーマン博士はこれを発見し, 余白に「Wow!」と書きこんだのだ。

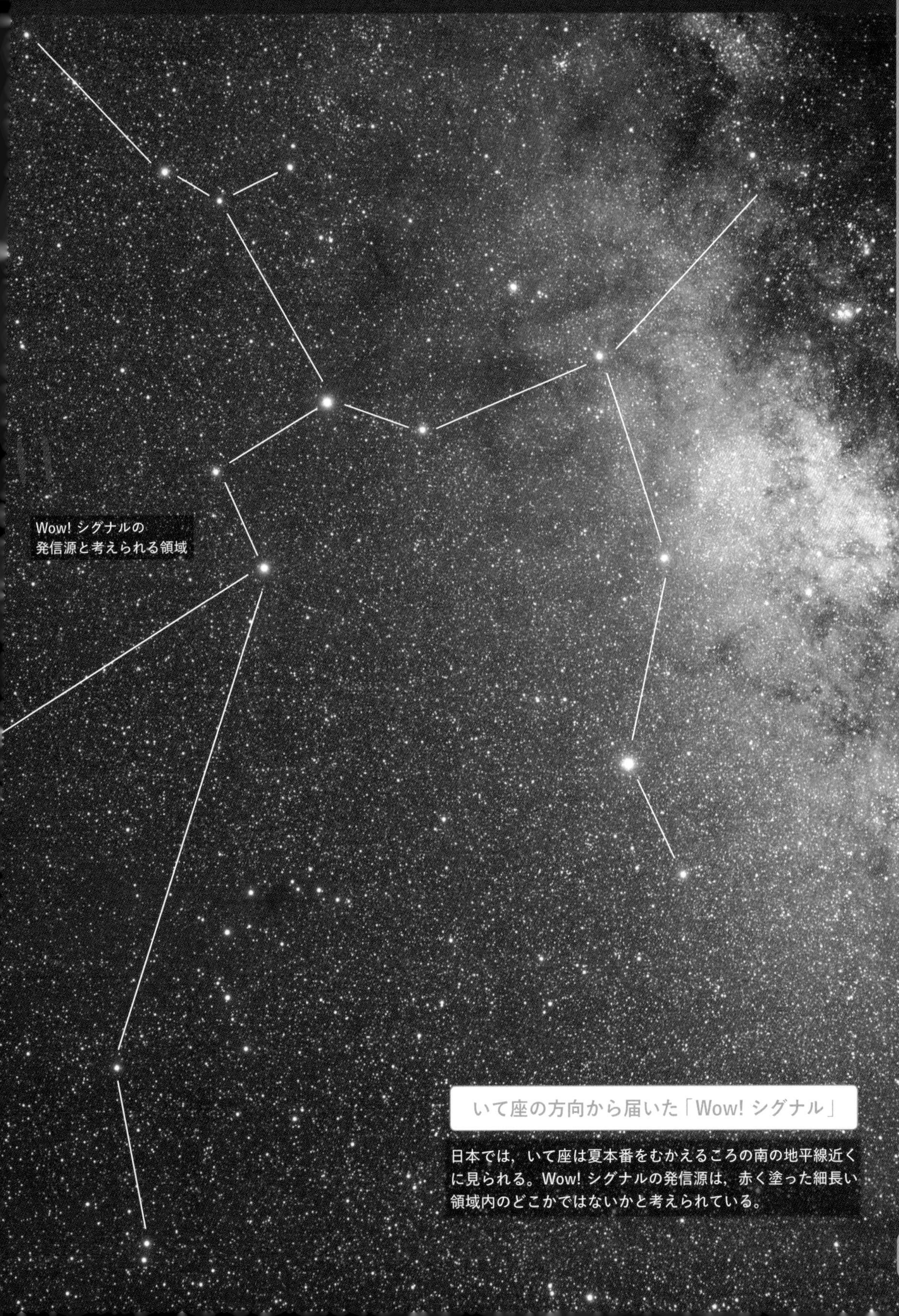

Wow! シグナルの
発信源と考えられる領域

いて座の方向から届いた「Wow! シグナル」

日本では，いて座は夏本番をむかえるころの南の地平線近く
に見られる。Wow! シグナルの発信源は，赤く塗った細長い
領域内のどこかではないかと考えられている。

宇宙人はレーザー光で
メッセージを送っているかもしれない

私たちよりも進んだ文明をもつ地球外知的生命ならば、故郷の惑星から飛びだし、別の惑星に移り住んでいる者もいるかもしれない。そして、たがいに通信しあっているかもしれない。

このとき都合がよいのは、可視光線を使って通信する方法だろう。可視光線は、電波よりも周波数が高い（1秒間に振動する回数が多い）電磁波で、よりたくさん情報を乗せて送ることができる。

ただし、可視光線を使って惑星間のような超長距離で通信を行うには、送った可視光線がなるべく拡散しないようにする工夫が必要だ。それを実現するのが「レーザー光」である。レーザー光とは、ほとんど広がらずにまっすぐ進む性質をもった単色の光（単一の周波数をもつ電磁波）のことで、アメリカの物理学者チャールズ・タウンズ博士（1915 ～ 2015）によって、そのしくみが考えだされた。

地球外文明の放つ
レーザー光をとらえる「OSETI」

タウンズ博士は、アメリカの物理学者ロバート・シュワルツ博士とともに、地球外知的生命はレーザー光を使い、地球に向けてメッセージを送っているのではないかと考えた。そして1961年、地球外知的生命からのレーザー光を地上でとらえる可能性について、イギリスの学術雑誌『Nature』に発表したのだ。こうした、レーザー光を光学望遠鏡でとらえようという試みを「OSETI（Optical SETI, 光学的SETI）」という。

惑星間通信を行うには、強力なレーザー光が必要だ。人類最強のレーザー光発生装置は、オランダのELI-NP（Extreme Light Infrastructure – Nuclear Physics：極限レーザー – 核物理研究所）にある「High Power Laser System（HPLS）」である。この装置は、10ペタ（1京）ワットという超高出力のレーザー光を放つことができる※。もし地球外知的生命がこの装置と同等の出力の、直径10メートルのレーザー光を放射したとすると、約1000光年離れた星から送られてきたとしても、十分にとらえることができるという。

ブレイクスルー・リッスンでは、リック天文台の「Automated Planet Finder望遠鏡（APF）」でOSETIが行われている。日本でも兵庫県の西はりま天文台で、2005年9月に日本初のOSETIが行われ、2009年11月までに56夜の観測が行われた。

※：プレゼンテーションなどで使われるレーザーポインタの出力の1000倍程度。ただし、放射時間（パルス幅）は22.6フェムト秒（1フェムト秒は1000兆分の1秒）と、きわめて短時間だ。

地球上の光学望遠鏡

地球外知的生命どうしの
レーザー光を使った惑星間通信

知的生命
がすむ
惑星

知的生命がすむ惑星

地球へ向けて放たれるレーザー光

宇宙人から送られてきたレーザー光をとらえる

直進性の高いレーザー光でも，非常に遠くの星からやってくるとすると，やはり広がり弱まってしまう。仮に1000光年先に設置された口径10メートルのレーザー光発生装置から，波長1マイクロメートルのレーザー光（赤外線）を地球に向けて発射した場合，地球ではその広がりが，太陽と地球間の距離（1億5000万キロメートル）の6倍にもなる。それでも星の光と区別して，そのレーザー光を検出することは可能だ。

人類が送った 宇宙人へのメッセージ

地球外知的生命から送られてくるメッセージをさがす一方で，私たち人類から，どこかにいるかもしれない地球外知的生命へメッセージを送る試みもな

されている。これは，「アクティブSETI（セチ）」や「METI（メチ）（Messaging to Extraterrestrial Intelligence）」とよばれる。

人類が太陽系外の知的生命に

向けて送信したメッセージとしては，たとえば「アレシボ・メッセージ」が有名だ。1974年，南米プエルトリコにある口径約300メートルの「アレシボ電波

（←）アレシボ・メッセージ

メッセージは，1679個の0と1の列からなっている。1679は，二つの素数23と73のかけ算であらわすことができる数だ。0と1の列を横に23個，縦に73個並べることで意味のある図形があらわれるようになっている。

なお，図の色は見やすくするためにつけたもので，実際のデータには色の情報は含まれていない。

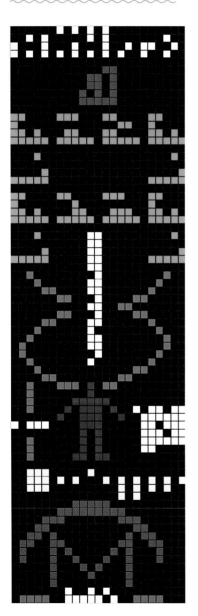

パイオニア10号に取りつけられた金属板（メッセージ）

望遠鏡」を使い，ヘルクレス座の方向，地球から2万5000光年離れた球状星団「M13」へ向けて，メッセージを乗せた電波が送られた。アメリカの天文学者カール・セーガン博士（1934 ～ 1996）や，世界初のSETIを行ったドレイク博士が考案したそ

のメッセージには，1 ～ 10までの数字や，水素・炭素・窒素・酸素の原子番号，DNAの二重らせん構造をあらわす図形，人間や太陽系をあらわす図形，アレシボ電波望遠鏡の図形などが含まれている。

このメッセージは，M13に届

くのに2万5000年かかるという。仮にM13に知的生命がいて，すぐに返事を送ってきたとしても，それが地球に届くのは5万年後のことになる。

また，1972年と73年に打ち上げられたNASAの太陽系探査機「パイオニア10号」と同11号には，人類の姿や太陽系・地球の位置などを刻んだ金属板が取りつけられた。二つの探査機は，太陽系の各惑星を観測したあと太陽系を離れ，現在も移動をつづけている（ただし，11号は1995年に，10号は2003年に信号が途絶えている）。

さらに，1977年に打ち上げられた無人宇宙探査機「ボイジャー1号」と同2号にも，地球外知的生命に向けた"メッセージ"が搭載されている。具体的には，さまざまな言語のあいさつや各国の音楽，地球の環境や生物を伝える画像などが「ゴールデンレコード」とよばれる，直径約30センチメートルの金属製（金メッキされた銅製）の円盤に収録されているのだ。

なお，ボイジャーは現在も通信が正常に行われ，太陽系外（2023年1月現在，ボイジャー1号は地球から約240億キロメートル，2号は約200億キロメートル離れた領域）を飛びつづけている。

遠い未来，これらが恒星にたどりつき，そこに住む地球外知的生命がそのメッセージを読み解く日が来るかもしれない。

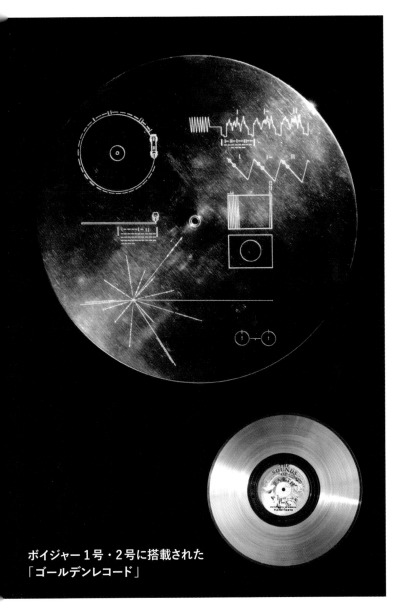

ボイジャー1号・2号に搭載された「ゴールデンレコード」

宇宙人の
活動の痕跡を見つけだせ

　ここまで，地球外知的生命が発する電波（信号）をとらえる方法について紹介してきた。しかし，彼らが意図的に信号を送ってくる保証はない。

　地球外知的生命をさがす手立てとして，**天然にはほとんどない物質がたくさん集まった場所をさがすという方法もある**。たとえば「トリチウム（三重水素）」という原子（水素の同位体）は，天然にはほとんど存在しない。人工的には，原子炉や水素爆弾によってつくられる。もし，この原子がどこかにたくさん存在していることがわかれば，そこには原子力を利用するほどの文明をもつ地球外知的生命がいるといえそうだ[※]。

核廃棄物を
恒星に投棄している？

　もし原子力を利用する文明があったとすると，彼らも私たちと同じように，核廃棄物の処理について考えなくてはならない。核廃棄物の処理法の一つに，地層処分がある。これは，かたい岩盤のある地域の地下深くに，長期にわたって埋設する方法だ。

　アメリカの天文学者ダニエル・ホイットマイヤー博士とデビット・ライト博士は，私たち人類よりも進んだ文明をもつ知的生命は，核廃棄物を自分たちのすむ惑星がまわる恒星（地球でいえば太陽）に廃棄する可能性を指摘した。

　核廃棄物に含まれる放射性物質のうち，ウラン233とプルトニウム239は，恒星に投棄されると分裂をおこし，別の元素にかわる。その中に，プラセオジム（Pr）とネオジム（Nd）がある。これらは普通，恒星に多くは含まれていない。つまり恒星の光を調べて，二つの元素が多く含まれていることがわかれば，それは地球外知的生命が核廃棄物を投棄した証拠かもしれないのだ。

※：トリチウムは1.516GHzの電波を出すことが知られているので，
　　この周波数をねらった観測も行われたことがある。

8章

宇宙人と核のゴミ

文明のレベルを分類する「カルダシェフ・スケール」

地球外知的生命には，人類と同じくらいの文明（技術）をもったものもいれば，はるかに高度な文明をもつものもいるかもしれない。ロシアの天文学者ニコライ・カルダシェフ博士（1932 〜 2019）は，1964 年に発表した論文で，文明レベルを三つに分類する方法を提案している。

Ⅰ型：惑星に届く恒星からのエネルギーと，同等量のエネルギーを利用できる文明
Ⅱ型：惑星が公転する恒星が生みだすエネルギーと，同等量のエネルギーを利用できる文明
Ⅲ型：銀河全体で生みだされるエネルギーと，同等量のエネルギーを利用できる文明

　この分類を「カルダシェフ・スケール」とよぶ。地球を例に考えてみよう。まずⅠ型は，地球に届く太陽のエネルギー（10^{16}W）と同じ規模のエネルギーを利用できる文明だ。つまり，人類はまだⅠ型に至っていないことになる（もともとは人類の文明レベルがⅠ型と定義されていた）。Ⅱ型は，太陽が放出するエネルギー（10^{26}W）を余さず利用できる文明ということだ。次節で紹介する「ダイソン球」を利用する文明は，まさにⅡ型だ。そして，私たちがすむ天の川銀河には 2000 億個の恒星があるといわれている。Ⅲ型は，これらの恒星が出すすべてのエネルギー（10^{37}W）を利用するような，想像を絶する超高度文明ということになる。

人工の超巨大建造物
「ダイソン球」は存在する?

　1960年，アメリカの物理学者フリーマン・ダイソン博士（1923 ～ 2020）は，地球外知的生命体を見つけるうえで，ある画期的なアイデアを発表した。それは，<u>恒星が出す光のエネルギーと同じくらいの強さで赤外線を放つ天体をさがす</u>というものだ。これはいったい，どういうことだろうか。

　人類をはるかにしのぐ高度な技術をもつ知的生命であれば，右図のような，恒星全体を無数のパネルで球状におおう超巨大建造物を建設するかもしれない。これは，恒星からの光を余すことなく受け取り，そのエネルギーを丸ごと利用するためのもので，「ダイソン球」とよばれる。

　ダイソン球のパネルの外側の面は熱をもち，赤外線が放射される。その強さは，中心にある恒星の光の強さと同じになると考えられる。ダイソン博士はこの赤外線を見つければ，地球外知的生命が存在する証拠となりうると提案したのである。

ダイソン球が
発見された?

　ダイソン球をさがす試みは，1980年から実際に行われた。日本でも，天文学者の寿岳潤博士（1927 ～ 2011）らが1991年に観測を行っている。

　そして2015年，ある天体がダイソン球なのではないかと話題になった。それは，はくちょう座の方向，地球から1480光年の距離にある「KIC 8462852」という恒星である。この恒星の光は2011年から2013年の間，とても不規則に暗くなっていた。恒星のまわりをまわる惑星や彗星などが，恒星をおおいかくしたとも考えにくい。そのため，ダイソン球のような巨大な建造物の一部によって，恒星の光がさえぎられたのではないかと話題になったのだ。

　その後，人工的な巨大建造物によるという説は，専門家の間では否定的にとらえられるようになってきたが，広い宇宙のどこかにはそのようなものが存在している可能性もゼロではない。

恒星をおおうダイソン球

もし本当にダイソン球がつくられるとしたら，それは
すき間のない完全な球殻ではないと考えられている。
完全な球殻にしてしまうと，恒星がつねにその中心に
くるように球殻の位置をとどめておくことが力学的に
むずかしいなどの問題が生じるためだ。そのため，"実
際のダイソン球"は，無数のパネルが恒星のまわりを
公転するようなものかもしれない。

ドレイク博士が考案した
宇宙文明の数を見積もる式

地球外知的生命探査（SETI）がはじめて行われてから60年以上がたった現在でも，地球外知的生命からの信号がとらえられたという証拠はない。宇宙に

は人類以外に，知的生命は存在しないのだろうか。

こうした一見つかみどころのない問いに，手がかりをあたえてくれる式がある。それが，ド

レイク博士が1961年に考案した「ドレイクの方程式」である。この式は，私たちのすむ天の川銀河に，電波で地球と通信が行える技術をもった文明（宇宙文

ドレイクの方程式

天の川銀河内にある，電波で通信を行う技術をもつ宇宙文明の数

それらの恒星が，一つ以上の惑星をもつ割合

$$N = R_* \times f_p \times n_e$$

天の川銀河で，1年間に生まれる恒星の数

一つの惑星系にある，生命に適した環境をもつ惑星の数

明）がどれくらいあるかを算出するものだ。ドレイクの方程式は，次の七つの項目（パラメータ）のかけ算であらわされる。

R_*：天の川銀河で，1年間に生まれる恒星の数

f_p：その恒星が，一つ以上の惑星をもつ割合

n_e：その惑星系で，生命の生存に適した環境をもつ惑星の数

f_l：その惑星上で，実際に生命が誕生する割合

f_i：その誕生した生命の中から知的生命が誕生する割合

f_c：その知的生命が，電波通信の技術をもつ文明になる割合

L：その文明が継続する時間（年）

各パラメータの値はそれぞれ，いったいいくつになると考えられるのだろうか（→次ページにつづく）。

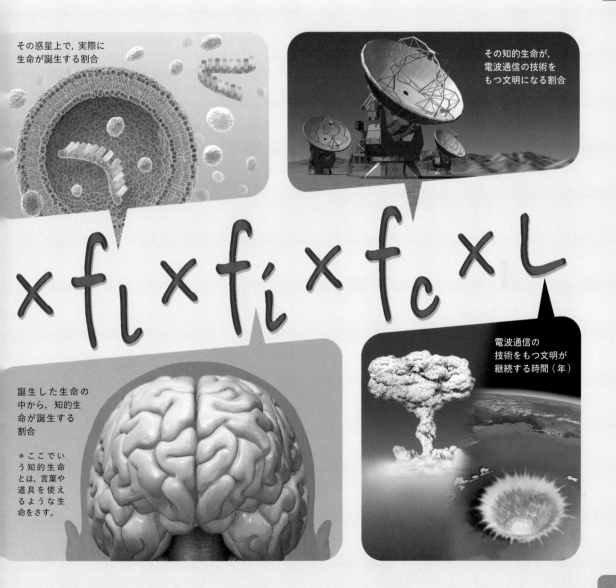

その惑星上で，実際に生命が誕生する割合

その知的生命が，電波通信の技術をもつ文明になる割合

誕生した生命の中から，知的生命が誕生する割合

＊ここでいう知的生命とは，言葉や道具を使えるような生命をさす。

電波通信の技術をもつ文明が継続する時間（年）

恒星や惑星の数 （R_*とf_p）

ドレイクの方程式の最初の項は「天の川銀河で1年間に生まれる恒星の数（R_*）」だ。少しわかりにくいので，現在の天の川銀河にある恒星の数をみてみよう。観測によれば，約2000億個と推定されるという。

次に，これらの恒星のうち，「一つ以上の惑星をもつ割合（f_p）」はどれくらいなのだろうか。ちなみに2023年1月時点で，発見された系外惑星の数は5300個以上にのぼる。これらは，地球のように岩石でできたものや，木星のようにガスでできたもの，天王星のように主に氷でできたものなど，種類も大きさもさまざまだ。

観測結果によれば，恒星がそのような惑星を一つ以上もつ割合は65％程度（$f_p = 0.65$）と見積もられている。**つまり，2000億個 × 0.65 ＝ 1300億個の恒星が一つ以上の惑星をもつことになる。**

ガスとちりの雲から誕生する恒星

画像の右側で輝く星の集まりは，さそり座の方向，地球から約8000光年離れたところにある散開星団「ピスミス24」である。左側にみえるのは，「NGC 6357」という星雲だ。恒星は，こうした星雲（ガスとちりの集まり）の密度の高い部分が，みずからの重力によって収縮することで生まれる。

ハビタブルゾーン（n_e）

では，1300億個のうち「生命に適した環境をもつ惑星の数（n_e）」はいくつぐらいなのだろうか。

惑星表面に液体の水が存在することが，姓名が惑星に誕生する条件の一つとされており，そのような領域を「ハビタブルゾーン（生命居住可能領域）」とよぶ。太陽系では，太陽と地球間の距離の0.95〜1.5倍の範囲がハビタブルゾーンになり，地球と火星※がこの中にある。

太陽と似た恒星のまわりの惑星を調べると，まだ不確定な要素はあるものの，10個の恒星のうち1個は，ハビタブルゾーン内に地球のような岩石でできた惑星（地球型惑星）があると考えられている。

また，太陽の質量の8%ほどの小さく暗い恒星，たとえば「トラピスト1」のまわりには，地球型惑星が7個見つかっており，そのうち少なくとも3個はハビタブルゾーンにあることがわかっている。

では，ハビタブルゾーン内にある地球型惑星は，どれくらいの割合で存在しているといえるのだろうか。太陽型の恒星には平均0.1個（10個に1個）程度，太陽よりも小さい恒星には1〜数個程度ありそうだという（n_e=1）。ここから，天の川銀河内にある生命をはぐくむことのできる惑星の数は，1300億個ということになる（→次ページにつづく）。

※：現在の火星に海はないが，かつては海があったと考えられている。

**恒星によってことなる
ハビタブルゾーン（↓）**

太陽系のハビタブルゾーン（緑の領域）をえがいた。惑星が恒星に近すぎると，温度が高くなって水は蒸発してしまう（赤い領域）。反対に，遠すぎると温度が低くて水は凍ってしまう（青い領域）。惑星上に液体の水が存在するには，恒星から適度な距離（緑の領域）に存在する必要があるのだ。なお，その距離は恒星の温度によってもかわる。

近年の研究によると，惑星をまわる衛星（地球でいう月）にも生命がすめる環境があるかもしれないと考えられている。たとえば，木星の衛星「ガニメデ」や「カリスト」，土星の衛星「タイタン」や「エンケラドス」などだ。

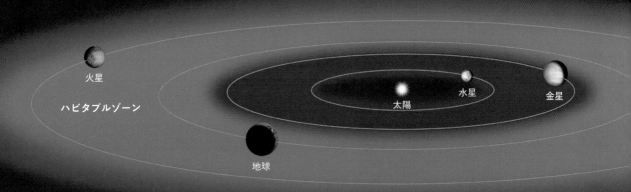

火星

ハビタブルゾーン

太陽　水星　金星

地球

太陽系

生命が誕生する確率 (f_l)

　今から44億年前，地球上に海ができた。その海から生命が誕生したのは，40億年以上前だと考えられている。

　原始の生命が誕生するには，「遺伝情報を伝える分子」，化学反応を促進させる「触媒」，それらを閉じこめる「膜」が必要だという。現在の地球生命では，遺伝情報を伝えるのは「DNA」，触媒は「タンパク質」，膜は「脂質」である。なお，初期の生命は，DNAのかわりにRNA（リボ核酸）とよばれる物質を利用していたという説が有力だ（RNAワールド仮説）。

　有機物は，宇宙のどこにでも存在している。地球外生命が，地球の生命とまったく同じ種類のタンパク質やDNAを利用しているというのは考えにくいが，地球と似たような惑星上では，でたらめにつながった分子から，生命に必要な機能をもつ物質にかわっていくのかもしれない。条件さえととのえば，生命は必然的に誕生すると考えて，「生命が誕生する割合（f_l）」は1としておこう。

知的生命に進化する確率 (f_iとf_c)

　地球では，生命が誕生してから30億年以上たったあとに，多細胞生物があらわれた。人類が誕生したのは，わずか20万年前のことだ。進化に十分長い時間（たとえば50億年以上）をかければ，現在のヒトのような知的生命に行きつくことも十分ありうるだろう。「知的生命が誕生する割合（f_i）」は，ここでは0.1としておこう。

　また，たとえば狩りのときに仲間どうしで合図を送りあって協力するなど，情報の伝達能力が生存のために有利にはたらくのは明らかだ。となると，知的生命は必然的に物理法則を探求し，いつかは電波による通信技術をもつようになるだろう。このことから，「知的生命が電波通信を行う文明になる割合（f_c）」を1とする（→次節につづく）。

原始の生命

温泉

生命の誕生（40億年前）

電波を利用する文明の誕生（100年前）

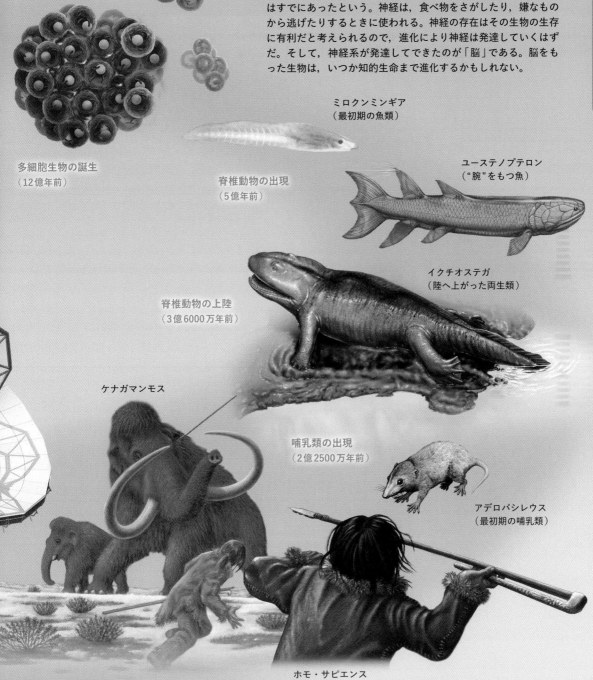

人類に至る進化の過程

生命誕生から電波を利用する文明が誕生するまでの，進化の道筋をえがいた。東京薬科大学の山岸明彦（やまぎしあきひこ）博士によると，多細胞の生物が誕生して間もなく，神経のようなものはすでにあったという。神経は，食べ物をさがしたり，嫌なものから逃げたりするときに使われる。神経の存在はその生物の生存に有利だと考えられるので，進化により神経は発達していくはずだ。そして，神経系が発達してできたのが「脳」である。脳をもった生物は，いつか知的生命まで進化するかもしれない。

多細胞化する細胞

多細胞生物の誕生
（12億年前）

ミロクンミンギア
（最初期の魚類）

脊椎動物の出現
（5億年前）

ユーステノプテロン
（"腕"をもつ魚）

イクチオステガ
（陸へ上がった両生類）

脊椎動物の上陸
（3億6000万年前）

ケナガマンモス

哺乳類の出現
（2億2500万年前）

アデロバシレウス
（最初期の哺乳類）

人類の出現（20万年前）

ホモ・サピエンス
（現生人類）

文明の寿命が宇宙文明の数を左右する

196ページでは，現在の天の川銀河にある恒星の数を考えた。これを銀河の年齢で割り算すると，1年間に恒星が生まれる数（R∗）をおおまかに見積もることができる。天の川銀河は約100億歳なので，R∗は2000億個÷100億年＝20となる[※1]。

さて，ここまで考えてきた値をドレイクの方程式に代入すると，N＝1.3×Lとなる。あとは「電波通信の技術をもつ文明が継続する時間（L）」を代入すれば，天の川銀河内にある宇宙文明の数（N）がわかることになる。しかし人類はいまだに戦争をつづけており，多くの核兵器も存在する。核戦争がおきれば，人類は滅亡してしまうかもしれないと考えると，Lは100年程度なのだろうか。一方，そうした問題を克服できれば，100万年以上文明がつづくと考える研究者もいる。

さて，ドレイク博士自身はLを1万年と考えた。これを代入すると，Nは1万3000となる。このとき，文明どうしの平均距離は800光年ほどだ。もし，この距離に宇宙文明があり，地球にメッセージを送信していたとしたら，近い将来受け取ることができるかもしれない（ただし，ここまで考えてきた各項目は，まだまだ不確定な部分も多く，この結果が何けたもかわる可能性もある）。

ちなみに，この数は天の川銀河の中について考えたものだ。観測可能な範囲の宇宙には1000億もの銀河があるといわれている[※2]。それぞれに1000億の恒星があるとすると，宇宙全体には1000億の1000億倍もの恒星があることになる。宇宙全体は案外，知的生命であふれているのかもしれない。

天の川銀河にある宇宙文明の分布（→）
地球から1万光年の距離を白い楕円であらわし，その中に，宇宙文明間の平均距離を約800光年としたときの分布のようすをえがいた。

天の川銀河

宇宙文明

地球から1万光年の範囲

人類（地球）

※1：観測によれば，現在の天の川
銀河では年1〜2個程度の恒
星が生まれていると考えられ
る。しかし，東京大学の田村
元秀（たむらもとひで）博士
によれば，過去には恒星の生
まれる数が多かった時期もあ
るので，平均で考えるとこれ
くらいの数でよいという。よ
り正確には，恒星の寿命がそ
の質量によってかわることも
考慮する必要がある。

※2：最新の研究では，観測可能な
範囲の宇宙にある銀河の数
は2兆個におよぶとする報告
もある。

生命に都合のいい領域は限られている？

　天の川銀河内で生命が生きるのに都合のよい領域は，限られているかもしれな
い。天の川銀河の中心付近は恒星の密度が高く，星の爆発や強い放射線などの
影響で生命が存在するには過酷な環境だと考えられている。一方，天の川銀河
のふちに近いところでは，水素やヘリウムよりも重い元素が少なく，地球型惑
星や生命の材料にとぼしいと考えられている。そのため，そうした場所には，
宇宙文明は存在しないかもしれないのだ。

　すると，天の川銀河の中心に近すぎず，遠すぎない場所が生命に適している
といえる。この領域を「銀河ハビタブルゾーン」とよぶ。最近の研究によると，
銀河ハビタブルゾーンは，おおよそ銀河の中心から2万〜3万光年の範囲であ
ると考えられている。

2万光年　　3万光年

銀河ハビタブルゾーン

天の川銀河

私たち人類は
宇宙人と出会えるのだろうか

仮に，1万光年離れた惑星に地球外知的生命がすんでいたとしよう。つまり，光速で向かったとしても，そこへたどりつくまでに1万年かかる場所だ。私たち（人間）の寿命はせいぜい100年ほどなので，ワープでもしないかぎり，生涯のうちに彼らの星へたどりつくのは不可能のように思える。ところが，相対性理論にもとづく「時間の遅れ」を利用すれば，ワープを利用しなくても到達が可能だという。これは，どういうことなのだろうか。

相対性理論によると，動いている人の時間は，止まっている人の時間にくらべてゆっくりと進むことが知られている。この「時間の遅れ」の効果は，光速に近づくほど急激に目立ってくる。もし，宇宙船が光速の99%で進むとすると，宇宙船に乗っている人にとっては，1万光年先の星へ約1410年でたどり着くことが可能だ。また，宇宙船の速度を速め，光速の99.9999%で進めば，なんと約14年という短い時間で到着できるという。

ただし，これはあくまで宇宙船に乗っている人にとっての時間だ。地球にいる人が観測すると，宇宙船がその星へたどり着くには，やはり約1万年かかることになる。

また，宇宙船に乗っている人の立場からすると，自分は止まっていて，目的の星のほうが光速近くで接近してくるように見える。そして，宇宙空間は進行方向にちぢんでしまうという。

この原理を使えば，光速に近づけば近づくほど，宇宙船内の人にとっては短い時間で遠くまで行くことができることになる。とても不思議に思えるが，原理的にはどれほど遠い場所にある星でも，生涯のうちに到達可能になるのだ。

宇宙人からのメッセージが見つかったら

もし地球外知的生命からのメッセージ（信号）を受信したら，どのように対応すればよいだろうか。実は，そのようなときのためのガイドラインがある。これは，宇宙開発に関する国際組織である国際宇宙航行アカデミー（IAA）が内容を検討し，1989年に採択，2010年に改定されたもので「地球外知的生命からの信号の発見に関する議定書」というものだ（204ページに掲載）※。

議定書は8条からなり，信号の検証や公表の手順についてしるされている。たとえば第2条では，候補信号が自然現象や人類が出した信号ではなく，本当に地球外知的生命からのものなのかを検証することを求めてい

光速に近づくとどのくらいの時間で行けるのか

地球から見た宇宙船の速さ	宇宙船から見た空間のちぢみ	1万光年先の星へ到着したときの宇宙船内の経過時間
光速の99%	元の距離の0.14倍	約1410年
光速の99.99%	元の距離の0.014倍	約141年
光速の99.9999%	元の距離の0.0014倍	約14年
光速の99.9999999999%	元の距離の0.0000014倍	約5日

る。結論が未確定な場合は，情報の公開を行ってはならないとしている。

また第3条では，信号が地球外知的生命からのものだという確証が得られたら，かくすことなく一般に公表しなくてはならないと定めている。そして第8条では，勝手に返信をしてはいけないとしている。

そもそも，地球から地球外知的生命へ向けてメッセージを送るのは危険があると考える人もいる。ホーキング博士もその一人だ。地球外知的生命は人類よりも高度な技術をもっている可能性が高く，彼らに地球の存在が気づかれると侵略されてしまう危険があるというわけだ。

そこで，地球からの電波の発信についての危険度を示す指標も提唱されている。これは，「サンマリノ・スケール」とよばれる。サンマリノ・スケールでは，<u>電波の強度や，その電波にメッセージを乗せているかどうかなどによって，危険度を10段階に分類している</u>。188ページで紹介したアレシボ・メッセージは，その電波が強力であることやメッセージを含む電波であることから，なんと危険度8とされている。

SETI（セチ）がはじまってから50年以上たった現在でも，地球外知的生命は見つかっていない。しかし広い宇宙のどこかで，彼らも星空を見上げて，ほかの星の知的生命について想像をめぐらせているかもしれない。

※：改訂前の議定書は9条からなるが，基本方針はかわっていない。

光速に近い速度で進むと空間がちぢむ

地球上の人から見た場合

光速に近い速度で進む宇宙船
（進行方向にちぢむ）

目的地の星

1万光年
（光速で1万年かかる）

宇宙船の中の人から見た場合

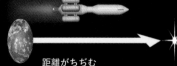

目的地の星（宇宙船の進行方向にちぢむ）

距離がちぢむ
（宇宙船内の人にとっては，1万光年かからずに到着できる）

宇宙船から見ると，地球や目的地の星が，光速に近い速度で進んでいるようにみえる。

地球外知的生命からの信号の発見に関する議定書

【第1条】 **探査**：SETI調査は透明性をもって行われ，その実行者は活動や結果についての報告を公的かつ専門的な研究会で自由に発表する。彼らはまた，報道機関ならびに他の公的情報メディアからこの活動についての質問に答える。

【第2条】 **候補現象についての取り扱い**：地球外知的生命の検出の兆候があった場合，発見者は自身で利用可能な資源を使い，ならびに宣言に署名しているか否かによらぬ他の研究者の協力により，その現象を検証するあらゆる努力をする。かかる尽力には，一つ以上の機関や組織による調査が含まれるが，これに限定されるものではない。進行中の検証作業については公開の義務はなく，未確定な場合には時期尚早の公開を行ってはならない。メディアや報道機関からの問い合わせには，迅速かつ誠実に答えるものとする。
　　候補信号またはその他の発見に関する情報についての取り扱いは，あらゆる科学者が暫定的な検査結果を取り扱う場合と同様にすべきものとする。リオ・スケールまたはそれと同等なものを用いて，その発見の候補がどの程度重大なものであるのかを，専門家以外の聴衆が理解する手助けとなるようにする。

【第3条】 **確定した発見**：検証に参加した他の研究者との総意により，また発見者自身がその発見を信頼できると確実に判断した段階において，信号またはその他の証拠が地球外知的生命によるものであると確定した場合，発見者はその結論を余すことなく完全に公開して，公衆，科学コミュニティ，国連事務総長に報告するものとする。立証の報告には，基礎的データ，確認作業，結論と解釈，検出された信号についての情報が記載される。正式な報告は，国際天文学連合（IAU）でも行われる。

【第4条】 検出を確証するために必要となったあらゆるデータは，出版物，会議，研究会，およびその他の適切な手段によって，国際的な科学コミュニティが利用できるものとする。

【第5条】 発見に対しては断続的調査が行われるものとする。地球外知的生命の兆候に関連するあらゆるデータは，調査者ならびに科学コミュニティによるより詳細な分析と解釈が将来できるように，最大限実現可能な形式で恒久的に記録し保管するものとする。

【第6条】 検出の証拠が電磁波による信号である場合，観測者はITU（国際電気通信連合）のWARC（世界無線通信主管庁会議）において特例手続きをとり，特定の周波数を保護するための国際的な同意を得るように努める。

【第7条】 **発見後**：信号の確証が得られた場合に起こる事象への支援のため，ならびに発見に広く関連する指針，解釈および討論を提供して科学的・公的分析を援助するために，IAA SETI常任研究グループ下に発見後担当グループを設立する。

【第8条】 **信号への応答**：発見が確定した場合，本宣言の署名者は，国連など多数を代表する国際機関による助言ならびに同意を先に得る前に，返答しないものとする。

＊鳴沢博士提供の資料をもとに作成した。

縣 秀彦／あがた・ひでひこ
自然科学研究機構国立天文台准教授。総合研究大学院大学准教授。国際天文学連合（IAU）・国際普及室顧問。長野県生まれ、東京学芸大学大学院修了（教育学博士）。東京大学教育学部附属中・高等学校教諭などを経て現職。

有本信雄／ありもと・のぶお
国立天文台名誉教授、総合研究大学院大学名誉教授、元ソウル大学客員教授。理学博士。1951年、新潟県生まれ。東北大学大学院理学研究科天文学専攻修了。専門は銀河天文学。近傍の銀河の進化と形成期における銀河の進化の研究を理論、観測の両面から行う。

柏川伸成／かしかわ・のぶなり
東京大学理学系研究科天文学専攻教授。理学博士。1966年、埼玉県生まれ。東京大学大学院理学系研究科博士課程修了、国立天文台准教授を経て現職。専門は観測的宇宙論・銀河天文学。研究テーマは遠方宇宙、初期宇宙、とくに銀河の形成と進化に関する観測的研究。

川島朋尚／かわしま・ともひさ
東京大学宇宙線研究所特任研究員（ICRRフェロー）。博士（理学）。1982年、栃木県生まれ。千葉大学大学院理学研究科博士課程修了。専門はシミュレーション天文学。現在の研究テーマは、ブラックホールや中性子星の降着流・噴出流の数値シミュレーション研究、特にブラックホールシャドウに代表される電波からX線・ガンマ線でのブラックホールの「見た目」について理論的研究。

坂井伸行／さかい・のぶゆき
タイ国立天文学研究所研究員。Ph.D.。1986年、広島県生まれ。鹿児島大学理学部物理科学科卒業。専門は位置天文学。研究テーマは、天の川銀河の3次元地図づくり。日本の「VERA」、アメリカの「VLBA」、オーストラリアの「LBA」、東アジア地域の「EAVN」といった電波望遠鏡群を駆使しながら、精密な地図づくりを進めている。

嶋作一大／しまさく・かずひろ
東京大学大学院理学系研究科准教授。理学博士。1966年、富山県生まれ。東京大学理学部物理学科卒業。専門は銀河天文学。最近は銀河の形成と進化、宇宙の再電離などの研究を行う。

杉山 直／すぎやま・なおし
名古屋大学総長・東海国立大学機構副機構長、東京大学国際高等研究所カブリ数物連携宇宙研究機構（Kavli IPMU）シニアフェロー。理学博士。1961年、ドイツ生まれ。早稲田大学理工学部物理学科卒業。専門は宇宙論。研究テーマは、宇宙マイクロ波背景放射、ダークエネルギー、宇宙初期天体形成、宇宙磁場。

須山輝明／すやま・てるあき
東京工業大学理学院物理系准教授。博士（理学）。1979年、岡山県生まれ。京都大学大学院理学研究科博士課程修了。専門は宇宙物理、宇宙論。

高田昌広／たかだ・まさひろ
東京大学国際高等研究所カブリ数物連携宇宙研究機構（Kavli IPMU）教授・主任研究者。博士（理学）。1973年、福島県生まれ。東北大学大学院理学研究科博士課程修了。専門は宇宙論。

田村元秀／たむら・もとひで
東京大学大学院理学系研究科教授、自然科学研究機構アストロバイオロジーセンター長。理学博士。1959年、奈良県生まれ。京都大学理学部物理学教室卒業。専門は、太陽系外惑星天文学、星・惑星形成、宇宙磁場、赤外線天文学。著書に『教養としての宇宙生命学 アストロバイオロジー最前線』『第二の地球を探せ!「太陽系外惑星天文学」入門』『太陽系外惑星』『宇宙特選画像2012』などがある。

中西裕之／なかにし・ひろゆき
鹿児島大学理工学域理学系理工学研究科（理学系）理学専攻准教授。理学博士。1977年、千葉県生まれ。東京大学理学部天文学科卒業。研究テーマは、銀河系および近傍渦巻銀河の観測的研究など。

鳴沢真也／なるさわ・しんや
兵庫県立大学西はりま天文台天文科学専門員。博士（理学）。1965年、長野県生まれ。福島大学大学院教育学研究科理科教育専修修士課程修了。広島大学大学院理学研究科物理科学専攻で博士号取得（論文博士）。専門は天体物理学、SETI（地球外知的生命探査）。

秦 和弘／はだ・かずひろ
国立天文台水沢VLBI観測所助教。理学博士。総合研究大学院大学物理科学研究科天文科学専攻博士課程修了。専門は電波天

学。研究テーマは、電波干渉計、とくに超長基線電波干渉計（VLBI）を用いた巨大ブラックホール周辺の高エネルギー現象の観測的研究。

原田知広／はらだ・ともひろ
立教大学理学部教授。京都大学博士（理学）。1971年、山形県生まれ。京都大学大学院理学研究科物理学・宇宙物理学専攻博士後期課程修了。専門は一般相対性理論、宇宙物理学、宇宙論。現在の研究テーマは、原始ブラックホール、ブラックホール物理学。

松永典之／まつなが・のりゆき
東京大学大学院理学系研究科天文学専攻助教。博士（理学）。1980年、群馬県生まれ。東京大学理学部天文学科卒業。専門は、脈動変光星の観測とそれにもとづく銀河系の研究。

村山 斉／むらやま・ひとし
東京大学国際高等研究所カブリ数物連携宇宙研究機構（Kavli IPMU）教授・主任研究者、アメリカ、カリフォルニア大学バークレー校マックアダムス冠教授兼任。理学博士。1964年、東京都生まれ。東京大学理学部物理学科卒業。専門は素粒子物理学。主な研究テーマとして、超対称性理論、ニュートリノ、初期宇宙、加速器実験の現象論などに取り組んでいる。著書に『宇宙は何でできているのか』などがある。

森 正夫／もり・まさお
筑波大学計算科学研究センター准教授。博士（理学）。1966年、兵庫県生まれ。名古屋大学大学院理学研究科博士課程修了。専門は宇宙物理学、計算物理学。研究テーマは大規模数値シミュレーションによる銀河の形成と進化など。

山岸明彦／やまぎし・あきひこ
東京薬科大学生命科学部名誉教授。理学博士。1953年、福井県生まれ。東京大学大学院理学系研究科博士課程修了。専門は微生物学、生化学。研究テーマは、生命初期進化、タンパク質工学など。

渡部潤一／わたなべ・じゅんいち
自然科学研究機構国立天文台上席教授、総合研究大学院大学物理科学研究科天文科学専攻教授。理学博士。東京大学理学部天文学科卒業。専門は太陽系天文学。研究テーマは、彗星や小惑星、流星などの小天体。

● **Photograph**

002—003 ESO/M. Zamani

004—005 NASA, ESA, CSA, STScI, Webb ERO Production Team

006 （アンドロメダ銀河）NASA/JPL-Caltech, （NGC 1300）NASA, ESA, and The Hubble Heritage Team (STScI/AURA)

007 （M87, ソンブレロ銀河）NASA and the Hubble Heritage Team (STScI/AURA), （大マゼラン雲）ESA/Gaia/DPAC, CC BY-SA 3.0 IGO

008—009 X-ray: NASA/CXC/JHU/D.Strickland; Optical: NASA/ESA/STScI/AURA/The Hubble Heritage Team; IR: NASA/JPL-Caltech/Univ. of AZ/C. Engelbracht

009 （3C 273）ESA/Hubble & NASA, （3C 273のX線画像）NASA/CXC/SAO/H.Marshall et al., （ケンタウルス座A）NASA, CXC, SAO, Astrophotography by Rolf Olsen, NASA-JPL, Caltech, NRAO, AUI, NSF, UOH, M. J. Hardcastle

010—011 ESO/L. Calçada & Olga Cucciati et al.

014 国立天文台

020 （NGC 1365）ESO, （M87）NASA

020—021 （アンドロメダ銀河）Bill Schoening, Vanessa Harvey/REU program/NOAO/ AURA/NSF

021 （NGC 1427A）NASA, ESA, and the Hubble Heritage Team (STScI/ AURA), （銀河の基本的な構造）NOAO/AURA/NSF

024 NASA, ESA, G. Piotto (University of Padua) and A. Sarajedini (University of Florida)

031 （ヴェラ・ルービン）Public domain

034 （NGC 6822）Local Group Galaxies Survey Team/NOAO/AURA/ NSF, （しし座A）国立天文台

035 （M33・アンドロメダ座・しし座II・おおぐま座I）国立天文台, （アンドロメダ銀河）Bill Schoening, Vanessa Harvey/REU program/NOAO/AURA/NSF, （小マゼラン雲）F. Winkler/Middlebury College, the MCELS Team, and NOAO/AURA/NSF, （ろ座矮小楕円体銀河）ESO/Digitized Sky Survey 2, （大マゼラン雲）Robert Gendler

037 （M33・アンドロメダ座）国立天文台, （大マゼラン雲）Robert Gendler, （ろ座矮小楕円体銀河）ESO/Digitized Sky Survey 2

038—039 Adapted by permission from Macmillan Publishers Ltd: nature, 513, 71–73, R. Brent Tully et al., The Laniakea supercluster of galaxies, 04 September 2014

040—041 Bill Schoening Vanessa Harvey/REU program/NOAO/AURA/NSF

044—045 （いて座矮小楕円銀河）The Hubble Heritage Team (STScI/AURA), （NGC 6822）Local Group Galaxies Survey Team/NOAO/AURA/ NSF, （おおぐま座I）国立天文台

046—047 NASA, Andrew S. Wilson (University of Maryland); Patrick L. Shopbell (Caltech);Chris Simpson (Subaru Telescope); Thaisa Storchi-Bergmann and F. K. B. Barbosa (UFRGS, Brazil); and Martin J. Ward(University of Leicester, U.K.)

056—057 Axel Mellinger

065 （天の川銀河）Xing-Wu Zheng & Mark Reid BeSSeL/NJU/CFA

074 Xing-Wu Zheng & Mark Reid BeSSeL/NJU/CFA

075 ESA/Gaia/DPAC

076—077 ICRR/Naho Wakabayashi

088—089 北原勇次

098 NASA's Goddard Space Flight Center/Jeremy Schnittman

100 （M87）ESO, （M87のブラックホール）EHT Collaboration

100—101 （背景）James Thew/stock.adobe.com

101 （天の川銀河）Xing-Wu Zheng & Mark Reid BeSSeL/NJU/CFA, （天体の軌道）UCLA Galactic Center Group - W.M. Keck Observatory Laser Team, （いて座A*）EHT Collaboration

103 NASA/CXC/M.Weiss

105 NASA and the Hubble Heritage Team (STScI/AURA)

106—108 NASA's Goddard Space Flight Center/Jeremy Schnittman

118 NASA, ESA, the Hubble Heritage (STScI/AURA)-ESA/Hubble Collaboration, and K. Noll (STScI)

126 （NGC 2936）NASA, ESA, and The Hubble Heritage Team (STSci/AURA), （NGC 6050・IC 1179）NASA, ESA, the Hubble Heritage (STScI/AURA)-ESA/Hubble Collaboration, and K. Noll (STScI), （ESO 255-7）NASA, ESA, the Hubble Heritage (STScI/AURA)-ESA/Hubble Collaboration, and A. Evans (University of Virginia, Charlottesville/NRAO/Stony Brook University)

127 （M51・NGC 5195）NASA, ESA, S. Beckwith (STScI), and the Hubble Heritage Team (STScI/AURA), （NGC 6621・NGC 6622）NASA, ESA, the Hubble Heritage (STScI/AURA)-ESA/ Hubble Collaboration, and W. Keel (University of Alabama, Tuscaloosa), （NGC 454）NASA, ESA, the Hubble Heritage (STScI/AURA)-ESA/Hubble Collaboration, and M. Stiavelli (STScI)

140 de Lapparent, Geller, and Huchra, The Astrophysical Journal,Vol.302:L1-L5,1986, "A Slice Of The Universe" Fig.1

141 Mitaka: ©2005 加藤恒彦, ARC and SDSS, 4D2U Project, NAOJ, 松原隆彦

143 （COBE衛星）NASA, （WMAP衛星）NASA/WMAP Science Team, （Planck衛星）ESA and the Planck Collaboration

153 花森 広/Newton Press

154	NASA, ESA, and P. van Dokkum (Yale University)
157	ESA and the Planck Collaboration
160	Original credit: NASA, STScI; Credit: Kavli IPMU - Kavli IPMU modified this figure based on the image credited by NASA, STScI
161	（すばる望遠鏡）国立天文台, （ダークマターの分布）東京大学／国立天文台
164—165	NASA/Desiree Stover
166	（JWST）NASA GSFC/CIL/Adriana Manrique Gutierrez,（HIP 65426b）IMAGE: NASA, ESA, CSA, Alyssa Pagan (STScI) ; SCIENCE: Aarynn Carter (UC Santa Cruz), ERS 1386 Team
167	（うみへび座TW星）S. Andrews (Harvard-Smithsonian CfA), ALMA (ESO/NAOJ/NRAO)
168	NASA, ESA, CSA, and STScI
169	（ハッブル宇宙望遠鏡）NASA,（JWSTの画像）NASA, ESA, CSA, and STScI
171	SCIENCE: NASA, ESA, Brian Welch (JHU), Dan Coe (STScI) ; IMAGE PROCESSING: NASA, ESA, Alyssa Pagan (STScI)
172—173	国立天文台
174	東京大学宇宙線研究所 重力波観測研究施設
176	（GMT）Giant Magellan Telescope – GMTO
	Corporation.,（ELT）ESO,（ナンシー・グレース・ローマン宇宙望遠鏡）GSFC/SVS
176—177	国立天文台
180	Image courtesy of NRAO/AUI
181	2015 Getty Images
184	Big Ear Radio Observatory and North American Astro Physical Observatory (NAAPO)
184—185	ユニフォトプレス
188	（アレシボ・メッセージ）NAIC - Arecibo Observatory, Aren Nordmann (CC BY-SA 3.0),（パイオニア10号）NASA
189	NASA/JPL
194	NASA, ESA and Jesús Maíz Apellániz (Instituto de Astrofísica de Andalucía, Spain). Acknowledgement: Davide De Martin (ESA/Hubble)
196	NASA, ESA and Jesús Maíz Apellániz (Instituto de Astrofísica de Andalucía, Spain). Acknowledgement: Davide De Martin (ESA/Hubble)
207	NASA, ESA, CSA,and STScI

JWSTがとらえた、「ほ座」の方向、
約2500光年先にある「南のリング星雲」（NGC 3132）

STAFF & CREDITS クレジット

🍎 Staff

Editorial Management	中村真哉	DTP Operation	髙橋智恵子	Writer	荒舩良孝
Editorial Staff	上島俊秀	Design Format	岩本陽一		中野太郎
		Cover Design	岩本陽一		

🍎 illustration

016—017	Newton Press	136	黒田清桐
018—019	小林 稔	138—143	Newton Press
022—023	Newton Press	144—145	黒田清桐
024—025	Newton Press，小林 稔	146—147	小林 稔
026—027	Newton Press，矢田 明	148—149	黒田清桐
028—031	Newton Press	151—159	Newton Press
032—033	奥木裕志	162	Newton Press
034—035	Newton Press	166—167	Newton Press（画像素材：NASA-GSFC, Adriana M. Gutierrez (CI Lab)）
042—043	Newton Press	170	Newton Press
048—049	吉原成行	174—175	Newton Press（174の地図データ：Reto Stöckli, NASA Earth Observatory）
050—063	Newton Press		
064—065	Newton Press（地図データ：Reto Stöckli, NASA Earth Observatory, NASA Goddard Space Flight Center Image by Reto Stöckli (land surface, shallow water, clouds). Enhancements by Robert Simmon (ocean color, compositing, 3D globes, animation). Data and technical support: MODIS Land Group; MODIS Science Data Support Team; MODIS Atmosphere Group; MODIS Ocean Group Additional data: USGS EROS Data Center (topography); USGS Terrestrial Remote Sensing Flagstaff Field Center (Antarctica); Defense Meteorological Satellite Program (city lights).）	178	Rey.Hori
		182—183	小林 稔
		186—187	小林 稔
		190—191	Newton Press（太陽：Courtesy of NASA/SDO and the AIA, EVE, and HMI science teams）
		192—193	Rey.Hori
		194—195	Newton Press（星雲と恒星：NASA, ESA and Jesús Maiz Apellániz（Instituto de Astrofísica de Andalucía, Spain). Acknowledgement: Davide De Martin (ESA/Hubble)，（電波望遠鏡）吉原成行，（隕石衝突）荻野瑶海
		197	Newton Press
066—097	Newton Press	198—199	Newton Press，カサネ・治，藤井康文，吉原成行
104	Newton Press（地図データ：Reto Stöckli, Nasa Earth Observatory）	200—201	Newton Press
		203	Newton Press
108—135	Newton Press	204	Quality Stock Arts/stock.adobe.com

🍎 初出（内容は一部更新のうえ，掲載しています）

銀河系3Dマップ（Newton 2003年2月号）
誰も知らない我が銀河の姿（Newton 2006年5月号）
天の川銀河の家族たち（Newton 2010年8月号）
アンドロメダ銀河が我が銀河に大衝突（Newton 2015年9月号）
宇宙の大規模構造（Newton 2016年8月号）
宇宙人を探し出せ（Newton 2017年7月号）
宇宙人はどれくらいいる？（Newton 2017年8月号）
「原始ブラックホール」がダークマターの正体か？（Newton 2018年12月号）

史上初，ブラックホールの直接撮影に成功！（Newton 2019年7月号）
南の空の深宇宙（Newton 2019年8月号）
"見えない光"でとらえた極限の宇宙（Newton 2019年9月号）
時空の穴（Newton 2020年1月号）
「ダークマター」はある？ない？（Newton 2020年4月号）
まるごと中高理科（Newton 2020年11月号）
最新 宇宙大図鑑220（Newton別冊 2021年5月）
最新観測が解き明かす 宇宙のすべて（Newton 2022年11月号）　ほか

Newtonプレミア保存版シリーズ

美しい銀河の姿と未解明の"謎"に，最新視点からせまる！

銀河のすべて

本書はニュートン別冊『銀河のすべて 改訂第3版』を増補・再編集し，書籍化したものです。

2023年4月20日発行

発行人　高森康雄
編集人　中村真哉
発行所　株式会社ニュートンプレス
〒112-0012東京都文京区大塚3-11-6
https://www.newtonpress.co.jp